"十四五"普通高等院校新形态一体化系列教材

数据库原理实验与综合设计

赵小超　李　哲◎主编

中国铁道出版社有限公司
CHINA RAILWAY PUBLISHING HOUSE CO., LTD.

内 容 简 介

本书由实验和综合设计两部分组成。实验部分循序渐进、由浅入深地讲解了 SQL 的各个知识点并设计了相应的实验步骤和设计题，包括实验环境、创建和管理数据库、查询、集合操作、外连接、视图、更新数据、完整性控制、过程化 SQL，以及存储过程与触发器等；综合设计部分则先介绍了数据库课程设计的相关内容，然后以一个完整的项目实现过程为例说明了综合设计的基本流程。通过学习本书，学生可以有效地掌握基本的数据库应用技术，锻炼解决复杂工程问题的能力。

本书适合作为普通高等院校计算机及相关专业的教材，也可用于数据库原理及数据库综合设计两门课程的实验和实践教学。

图书在版编目（CIP）数据

数据库原理实验与综合设计 / 赵小超，李哲主编.
北京 : 中国铁道出版社有限公司，2024.9. --（"十四五"普通高等院校新形态一体化系列教材）. -- ISBN 978-7-113-31494-1

Ⅰ. TP311.132.3

中国国家版本馆CIP数据核字第2024LX2620号

书　　名：	数据库原理实验与综合设计
作　　者：	赵小超　李　哲

策　　划：	徐海英	编辑部电话：（010）63551006	
责任编辑：	王春霞　彭立辉		
封面设计：	郑春鹏		
责任校对：	苗　丹		
责任印制：	樊启鹏		

出版发行：中国铁道出版社有限公司（100054，北京市西城区右安门西街 8 号）
网　　址：https://www.tdpress.com/51eds/
印　　刷：天津嘉恒印务有限公司
版　　次：2024 年 9 月第 1 版　2024 年 9 月第 1 次印刷
开　　本：850 mm×1 168 mm 1/16　印张：13　字数：322 千
书　　号：ISBN 978-7-113-31494-1
定　　价：39.80 元

版权所有　侵权必究

凡购买铁道版图书，如有印制质量问题，请与本社教材图书营销部联系调换。电话：（010）63550836
打击盗版举报电话：（010）63549461

前言

数据库原理课程是计算机科学与技术、软件工程、信息管理与信息系统等计算机及相关专业的一门重要的专业必修课程，旨在让学生深入理解数据库的基本概念、原理、技术和应用，为后续专业课程的学习和未来的职业发展奠定基础。数据库综合设计课程则是后续的一门重要综合实践课程，旨在通过综合性的项目设计与实践，深化学生对数据库理论知识的理解、培养学生的数据库设计与应用能力、提升团队协作能力。

基于 SQL 的实验是数据库原理课程的核心内容之一。从实验教学的角度来看，现有的教材通常存在如下问题：主教材中关于 SQL 的内容集中于一章，不强调查询语句与关系代数的联系，并且大多采用标准 SQL 语法，导致有些语句在实际的实验平台上无法执行；实验教材要么直接给出实验步骤和相应的 SQL 语句，要么先照搬数据库产品手册中的语法结构，然后再给出实验步骤和 SQL 语句，没有说明理论知识与实际操作的联系，缺乏对具体知识点和操作技巧的强调，导致实验效果不理想。数据库综合设计课程则聚焦于实践教学，现有的教材大多过分强调数据库设计能力的培养，对于数据库应用系统的设计与开发则作为可选内容，对数据库实践能力的锻炼有所欠缺。为此，我们编写了这本《数据库原理实验与综合设计》。

本书采用当前主流的关系型数据库产品 SQL Server 2017 作为数据库平台，以学生成绩数据库为实例设计了 12 个验证性实验，以图书借阅管理的信息化需求设计了一个综合项目案例。在实验部分，依照理论教学进度，实验内容的安排以先易后难、由浅入深为原则，以便于学生对理论知识和实践技巧的理解和掌握。其中，第 1 章学习使用图形界面创建和管理数据库；第 2 章学习使用 SQL 创建和管理数据库；第 3 章学习单表查询和子查询；第 4 章学习连接操作；第 5 章学习分组查询操作；第 6 章学习并、交、差三种集合操作；第 7 章学习外连接操作；第 8 章学习视图的应用；第 9 章学习增、删、改三种更新操作；第 10 章学习完整性控制方法；第 11 章学习过程化 SQL 的概念和基础操作；第 12 章学习存储过程和触发器的原理及应用。在综合设计部分，先在第 13 章依次介绍课程的目的、步骤、要求和考核方式，帮助学生弄清楚课程任务是什么；然后在第 14 章详细介绍了一个项目的实现过程，在操作层面让学生对课程任务有直观的认识。通过以上两部分内容的学习，学生可以有效地掌握基本的数据库应用技术，锻炼解决复杂工程问题的能力。

本书具有如下特点：

（1）思路清晰：实验部分和综合设计部分均依据对应课程的教学内容和计划进度进行组织，在介绍对应的知识点和各个设计环节的同时，还以案例进行说明，训练学生分析和解决问题的能力。

（2）通俗易懂：各类SQL语法的结构大多比较复杂，包含种类繁多的选项，本书省略一些不常用的选项，同时使用容易理解的、简洁的语言进行说明和描述，帮助学生更好地理解SQL的用法。

（3）强调实践：本书提供了丰富的实践案例，学生可以通过实施这些案例锻炼自己的能力，并通过解答设计题检验对所学内容的掌握程度，通过实际操作培养和提升数据库应用能力。

（4）团队合作：在综合设计部分，要求学生以小组为单位完成课程任务，小组成员既要有自己的侧重点，又要与他人协同工作，从而在锻炼实践能力的同时培养团队协作精神。

（5）提供教学资源：为了教学方便，本书提供实验部分的建库SQL脚本以及"图书借阅管理系统"的SQL脚本和工程源码，可从中国铁道出版社有限公司教育资源数字化平台https://www.tdpress.com/51eds/下载，但不提供各个实验步骤的SQL脚本。

本书由赵小超、李哲主编，其中第9、12章由李哲编写，其余章节由赵小超编写。

由于时间仓促，编者水平有限，书中难免存在疏漏和不妥之处，敬请读者批评指正。

编　者

2024年5月

目 录

第一部分 实验 1

第 1 章 实验环境 2
- 1.1 实验目的 2
- 1.2 课程内容与操作要点 2
- 1.3 实验内容 16
- 1.4 设计题 21

第 2 章 使用 SQL 创建和管理数据库 22
- 2.1 实验目的 22
- 2.2 课程内容与语法要点 22
- 2.3 实验内容 29
- 2.4 设计题 37

第 3 章 单表查询 38
- 3.1 实验目的 38
- 3.2 课程内容与语法要点 38
- 3.3 实验内容 52
- 3.4 设计题 58

第 4 章 多表查询 59
- 4.1 实验目的 59
- 4.2 课程内容与语法要点 59
- 4.3 实验内容 64
- 4.4 设计题 69

第 5 章 分组查询 70
- 5.1 实验目的 70
- 5.2 课程内容与语法要点 70
- 5.3 实验内容 73
- 5.4 设计题 78

第 6 章 集合操作 79
- 6.1 实验目的 79
- 6.2 课程内容与语法要点 79
- 6.3 实验内容 84
- 6.4 设计题 87

第 7 章 外连接 88
- 7.1 实验目的 88

7.2	课程内容与语法要点	88
7.3	实验内容	91
7.4	设计题	94

第 8 章 视图 95
8.1	实验目的	95
8.2	课程内容与语法要点	95
8.3	实验内容	101
8.4	设计题	106

第 9 章 更新数据 107
9.1	实验目的	107
9.2	课程内容与语法要点	107
9.3	实验内容	111
9.4	设计题	113

第 10 章 完整性控制 114
10.1	实验目的	114
10.2	课程内容与语法要点	114
10.3	实验内容	121
10.4	设计题	126

第 11 章 过程化 SQL 127
11.1	实验目的	127
11.2	课程内容与语法要点	127
11.3	实验内容	137
11.4	设计题	142

第 12 章 存储过程与触发器 143
12.1	实验目的	143
12.2	课程内容与语法要点	143
12.3	实验内容	147
12.4	设计题	156

第二部分 综合设计 157

第 13 章 数据库综合设计概述 158
13.1	综合设计的目的	158
13.2	综合设计的步骤	158
13.3	综合设计的要求	159
13.4	综合设计的考核	159

第 14 章 案例：图书借阅管理系统 161
14.1	系统概述	161
14.2	需求分析	161
14.3	系统设计	162
14.4	系统实现	166

第一部分 实 验

实验的目的是帮助学生将数据库理论知识与实际操作联系起来,达到"理论指导实践,实践提升能力"的效果。实验部分根据数据库原理课程的要求设计了12个实验,每个实验的内容都与课程的若干知识点相对应。本部分使用的是1.3节所创建的xscj数据库,第3~12章的实验内容持续使用该数据库。

为了保证实验教学的效果,读者应做到以下三点:① 在实验之前要做好准备工作,理解每个实验的目的,弄清楚课程内容和语法要点,从理论上分析实验内容的每个步骤的要求并思考解决方案;② 在实验过程中要按照实验指导的内容依次完成每一个实验步骤并对实验结果进行分析,同时还要思考能否使用不同的方法完成同一个实验步骤,做到举一反三;③ 实验结束后要按照要求撰写实验报告,除了具体实验操作和结果(SQL代码和运行结果截图)以外,还要对整个实验过程进行总结,包括收获、遇到的困难和解决方案,以及尚未解决的问题。

第 1 章
实验环境

1.1 实验目的

（1）掌握 SQL Server 数据库开启服务和连接实例的方法。
（2）熟练掌握使用 SQL Server Management Studio 的图形界面完成主要的数据库操作。

1.2 课程内容与操作要点

1. 实验环境简介

SQL Server 是 Microsoft 公司开发的关系型数据库管理系统。它是一个功能强大的数据管理平台，可以为企业级的应用程序提供安全、可靠、高性能的数据管理服务。目前常见的版本有 2008 版、2012 版、2014 版、2016 版、2017 版、2019 版和 2022 版等。

本书的实验内容属于通用的数据库管理技术，不针对特定版本。根据所包含的功能和许可限制的不同，通常还细分为 Enterprise 版、Standard 版、Web 版、Developer 版和 Express 版。前三个版本属于商业版本，需要付费使用，后两者则仅供开发、测试和学习之用，不需要付费。本书全部内容均在 SQL Server 2017 Express 版上运行，读者也可根据自身需要选择其他软件版本。由于互联网上存在大量的 SQL Server 安装教程可供参考，本书将略过软件安装部分。

2. 连接数据库

1）配置数据库

在连接数据库之前需要对其进行配置，开启相关的网络协议和服务。网络协议包含：① Shared Memory 协议，管理工具或应用程序与数据库实例在同一台计算机上时可用；② TCP/IP 协议，通过 IP 地址和 TCP 端口来远程连接数据库实例；③ Named Pipes 协议，为局域网开发的协议，在局域网中通常可以提供高性能的数据服务，但在广域网中性能通常会下降。如果读者的服务器位于本机，则开启任意一个协议即可；若位于局域网中，则应开启 TCP/IP 协议或者 Named Pipes 协议；若位于广域网，则应开启 TCP/IP 协议。

开启网络协议的步骤如下：

（1）打开计算机管理应用程序，选中"SQL Server 配置管理器"。

（2）选择 SQL Server 网络配置下的"SQLEXPRESS 的协议"。

（3）右击窗口右侧的三个协议之一，在弹出的快捷菜单中选择"启用"命令，如图1-1所示。

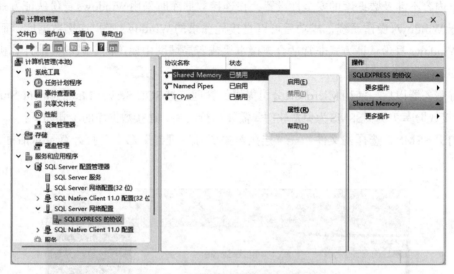

图 1-1　开启数据库实例的网络协议

网络配置发生改变后启动或者重新启动 SQL Server 服务（即数据库实例），才能用选定的服务连接数据库。启动服务的方式如下：

（1）打开计算机管理应用程序，选中 SQL Server 配置管理器下的"SQL Server 服务"。

（2）右击对应数据库实例的系统服务，在弹出的快捷菜单中选择"启动"或者"重新启动"命令，如图1-2所示。

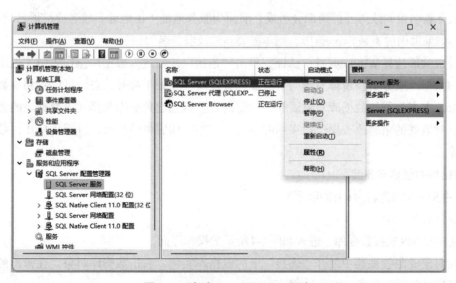

图 1-2　启动 SQL Server 服务

Express版的SQL Server服务的名字一般是SQLEXPRESS，在连接数据库时必须提供服务的名字。其他版本的服务名一般为MSSQLSERVER，连接时只需要指出域名、IP地址、机器名三者之一即可。

2）连接数据库

因本书内容不涉及数据库的安全性设置，在连接数据库时采用Windows身份认证方式，即用户需要先登录Windows操作系统，成功后可以直接凭登录的Windows账户连接数据库，而不需要提供密码。Windows身份认证方式非常适合连接本机或者局域网中属于同一域的其他计算机上的SQL Server数据库。

配置好服务器以后，使用Microsoft公司提供的管理工具SQL Server Management Studio（简称SSMS）连接数据库实例，SSMS为免费软件，需要另行安装。连接数据库的步骤如下：

（1）打开SSMS，选择"文件"→"连接对象资源管理器"命令，打开登录对话框，如图1-3所示。

图1-3 SSMS登录界面

（2）服务器名由斜线隔开的两部分组成，前面为服务地址（IP地址、域名或机器名均可），后面为服务名（如果采用的不是Express版，则不需要斜线及服务名）。

（3）身份验证选择Windows身份认证，单击"连接"按钮进入数据库操作界面（见图1-4），刚刚连接上的数据库服务器在窗体左侧的对象资源管理器中已处于展开状态，可以看到该数据库包含的多个对象。本书将围绕数据库对象展开，主要内容包括创建数据库和模式，数据表的创建、修改与删除，针对数据的增删改查操作，视图的使用，数据库的完整性约束，过程化SQL，数据库的分离与附加等。

3. 数据库的创建与删除

1）使用SSMS创建名为test的数据库

操作步骤如下：

（1）使用SSMS连接数据库，进入如图1-4所示的操作界面。

（2）在对象资源管理器中展开"连接"上的数据库实例，右击数据库对象，在弹出的快捷菜单中选择"新建数据库"命令，如图1-5所示。

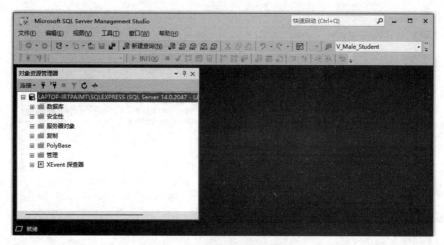

图1-4 数据库操作界面

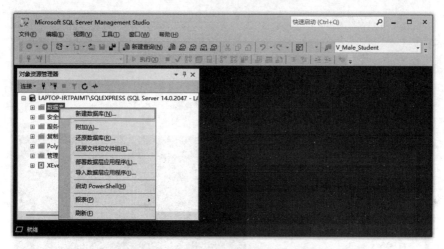

图1-5 使用SSMS图形界面创建数据库

（3）在打开的"新建数据库"窗口（见图1-6）的"数据库名称"文本框输入test后，下方的数据库文件会自动生成主数据文件test.mdf和日志文件test_log.ldf，它们的逻辑文件名、初始大小、最大大小和增长方式、存储路径以及物理文件名均可更改。

（4）单击"确定"按钮完成数据库的创建，展开数据库对象后可以看到创建成功的test数据库，如图1-7所示。

2）数据库文件的组成结构

SQL Server中的每一个数据库所包含的全部内容（数据库对象、数据和事务日志）在操作系统层面呈现为一组文件，它们由DBMS创建和管理。从文件类型的角度看，可以分为主数据文件（扩展名为".mdf"）、日志文件（扩展名为".ldf"）和辅助数据文件（扩展名为".ndf"）。主数据文件和辅助数据文件均用于存储数据库数据，日志文件则记录数据库操作日志。每一个数据库都必须有且只能有一个主数据文件，以及至少一个日志文件，辅助数据文件则是可选的。当主数据文件无法扩大容量时，可以通过添加辅助数据文件来增加数据存储空间。

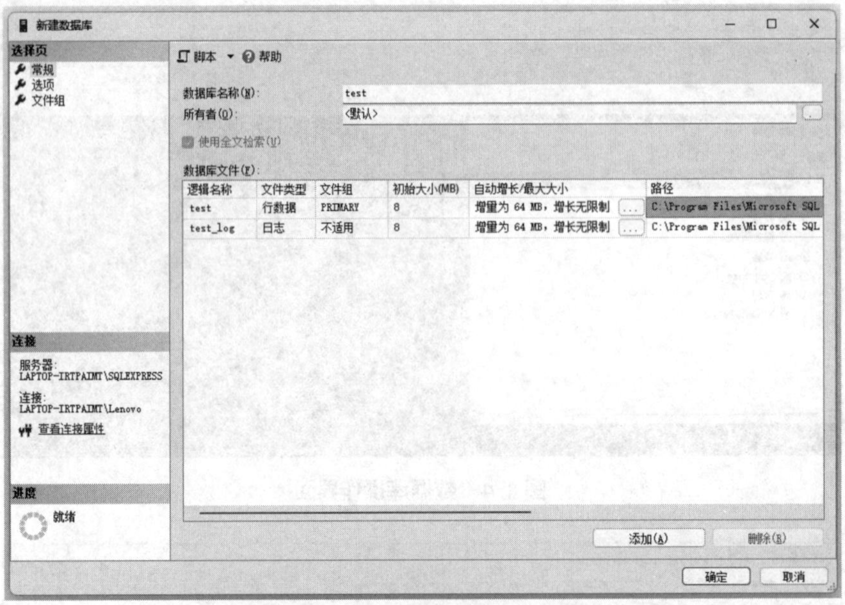

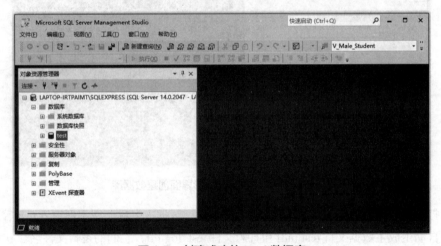

图 1-6 创建数据库的参数设置

图 1-7 创建成功的 test 数据库

此外，DBMS 通过文件组的方式来管理数据文件，其特点有：① 每一个数据库都必须有且只有一个主文件组（系统自动创建），包含主数据文件；② 用户可以根据需要添加一个或多个文件组，这些后添加的文件组只能包含辅助数据文件；③ 一个文件组可以包含多个数据文件；④ 用户可以给主文件组添加辅助数据文件。

在新建数据库时，用户可以在如图 1-6 所示的窗口中设置文件组和各类文件。此时，除主文件组外的其他文件组的各种属性，数据文件的逻辑名称、初始大小、最大大小和增长方式、存储路径以及物理文件名均可自由配置。

当需要修改已创建数据库的文件结构时，可以在如图 1-7 所示的界面中右击该数据库，在弹出的快捷菜单中选择"属性"命令，打开如图 1-8 所示的窗口，然后在文件组和文件选项页中进行修改。

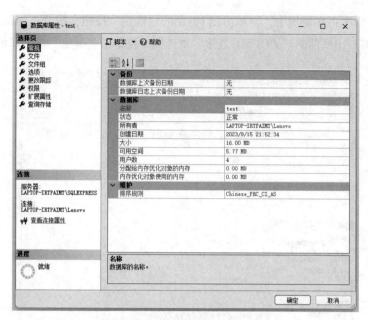

图 1-8　修改数据库的文件结构

注意：已有数据库文件的文件类型、文件组、存储路径和物理文件名均不可修改。

3）删除数据库

删除已有数据库的步骤如下：

（1）在如图 1-7 所示的界面中右击需要删除的数据库，从弹出的快捷菜单中选择"删除"命令，打开如图 1-9 所示的窗口。

图 1-9　删除数据库

（2）如果该数据库正在使用中，则单击图1-9中的"确定"按钮会报错，如图1-10所示。此时，需要选中图1-9或图1-10底部的"关闭现有连接"复选框，再单击"确定"按钮即可删除该数据库。

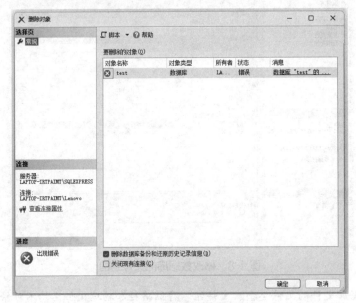

图1-10 删除数据库出错

4. 数据表的创建、修改和删除

1）创建数据表

操作步骤如下：

（1）在如图1-7所示的界面中双击test数据库，该节点展开后如图1-11所示。

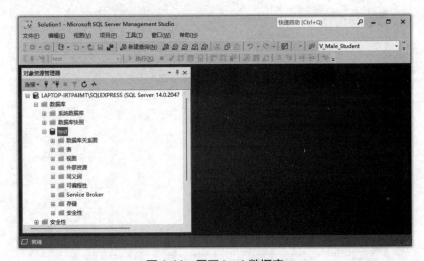

图1-11 展开test数据库

（2）右击"表"节点，在弹出的快捷菜单中选择"新建"→"表"命令，打开如图1-12所示的表设计器。

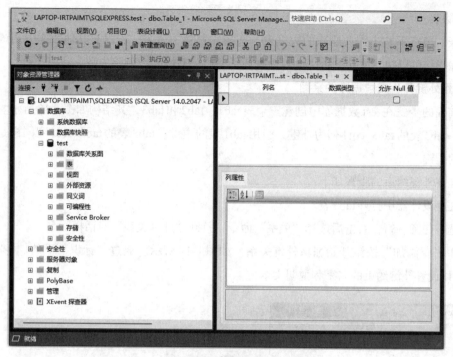

图 1-12 表设计器

（3）表设计器第一行的黑色三角图标指示当前行为正在编辑的列，设置其列名和数据类型（一个下拉列表）以后，设计器会自动增加一个空行用于设置下一列。

（4）在设置主键时，若主键由单列构成，则单击选中该列，否则按住【Ctrl】或【Shift】键选中构成主键的多个列，然后右击选中的列，选择"设置主键"命令，构成主键的属性前面会有一个钥匙图标，说明主键设置成功。

（5）选择"文件"→"保存"命令，在弹出的对话框中设置数据表的名称，单击"确定"按钮保存所设计的表，刷新 test 数据库的"表"节点即可看到设计完成的数据表。

2）修改表结构

操作步骤如下：

（1）在"表"节点下右击需要修改的数据表，选择"设计"命令打开表设计器。

（2）若需要修改某一列的定义，直接在表设计器中编辑列名、选择数据类型。

（3）若需要添加列，可在位于表设计器末尾的空行中添加新列的信息。

（4）若需要删除主键，则需要选中构成主键的所有列，右击后选择"删除主键"命令。

（5）若需要删除某一列，可右击该列，选择"删除列"命令。

（6）选择"文件"→"保存"命令保存针对数据表的修改。

注意：在保存修改后的表结构时，若系统弹出警告信息："不允许保存更改。您所做的更改要求删除并重新创建以下表。您对无法重新创建的表进行了更改或者启用了'阻止保存要求重新创建表的更改'选项。"其解决方法是：选择"工具"→"选项"→"设计器"→"表设计器和数据库设计器"命令，然后取消选中"阻止保存要求重新创建表的更改"选项。

3）删除表

在"表"节点下右击需要删除的数据表，选择"删除"命令，若没有其他数据引用该表中的数据，则删除操作可以执行成功，否则会因为破坏了参照完整性导致删除失败。

5. 设置外键并生成数据库关系图

按照前面的步骤在 test 数据库中创建三个表 tab1、tab2 和 tab3，其结构如图 1-13 所示。这三个表之间联系：tab3 表的 tab3_col1 列为外键，引用 tab1 表的主键；tab3 表的 tab3_col2 列同样是外键，引用 tab2 表的主键。

实施上述外键约束的步骤如下：

（1）在表设计器中打开 tab3 表。

（2）选中任意一行，右击后选择"关系"命令，打开"外键关系"对话框。

（3）单击"添加"按钮开始编辑外键关系，如图 1-14 所示。通过"标识"下的"（名称）"和"说明"可以设置外键约束的名字和说明文本。

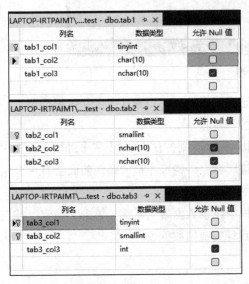

图 1-13　test 数据库中 tab1、tab2 和 tab3 三个表的结构

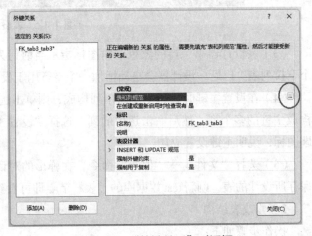

图 1-14　"外键关系"对话框

（4）单击图 1-14 中椭圆标注的按钮（仅在选中"表和列规范"时显示），打开"表和列"对话框，设置 tab3 表的外键 tab3_col1 及被引用表的主键，如图 1-15 所示。

（5）将关系名改为 FK_tab3_col1_tab1_col1，主键表为 tab1，主键列为 tab1_col1，外键表为 tab3，外键列为 tab3_col1（单击 tab3_col2，在下拉列表中选择"<无>"可以去掉 tab3_col2），单击"确定"按钮完成设置，如图 1-16 所示。

（6）关闭"外键关系"对话框，保存表设计器的内容即可使外键约束生效。

（7）tab3 表的另一个外键 tab3_col2 设置过程与上述（1）～（6）步一致，因而不再重复。

在设置外键时，为了使外键关系清晰明了且便于连接查询，通常会把外键列的名字与被引用的主键列的名字设置得一样，但这不是强制要求。在上述设置外键约束的过程中，外键列的名字与被引用的主键列的名字不一样，这样也是可行的，只是在使用时略有不便。

图 1-15　外键 tab3_col1 的设置对话框

图 1-16　外键 tab3_col1 设置完成

设置好外键约束之后，即可生成数据库关系图，以图形方式显示 tab1、tab2 和 tab3 三个表之间的联系。其操作步骤如下：

（1）右击 test 数据库下的"数据库关系图"节点，选择"新建数据库关系图"命令。

（2）在打开的"添加表"对话框中按住【Ctrl】或【Shift】键同时选中 tab1、tab2 和 tab3 三个表，单击"添加"按钮将这三个表加入新建的数据库关系图，如图 1-17 所示（在 tab3 与 tab1 之间及 tab3 与 tab2 之间的联系中，金色钥匙的一端指示的是被引用的表）。

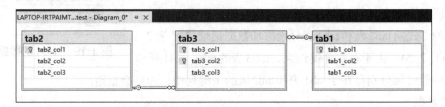

图 1-17　生成的数据库关系图

（3）选择"文件"→"保存"命令，在打开的对话框中设置数据库关系图的名称，单击"确定"按钮保存该关系图。

注意：若要向已有的数据库关系图中添加表，可以右击关系图空白处，选择"添加表"命令；在数据库关系图中同样可以设置外键，右击 tab3 表，选择"关系"命令，可以打开如图 1-14 所示的"外键关系"对话框。

6. 架构的创建与删除

从 SQL Server 的层次结构来看，可以分为数据库、架构（schema）和数据库对象三个层次，一个数据库可以包含若干个架构，数据库的各个对象（如表、试图、存储过程等）必须属于某一个架构。新创建的数据库的默认架构是 dbo，如图 1-18 所示。前面创建的三个表及一个数据库关系图均属于默认架构 dbo。

1）创建架构

创建架构的步骤：展开test数据库的"安全性"节点，右击"架构"节点，选择"新建架构"命令，即可进入"架构-新建"对话框，设置架构名称和所有者（用户或者角色）即可创建一个新的架构。

2）删除架构

删除架构的步骤：在"架构"节点下找到需要删除的架构，右击选择"删除"命令即可，删除架构会删除该架构下的全部对象。本书仅关注架构的功能特点，因而略去了烦琐的登录名、用户和权限的设置过程。

图1-18 test数据库的表及关系图

架构的功能特点包括：① 在不同的架构下，可以创建完全一样的数据库对象，它们不会互相干扰；② 在权限允许的情况下，一个架构下的表可以引用另一个架构下的表；③ 便于数据库的管理，可以将不同应用程序的数据放置于不同的架构下，使数据的组织清晰明了；④ 多个用户可以共享同一个架构，有利于提升协同开发效率。

7. 数据的增加、修改和删除

在图形界面下，数据的增加、修改和删除比较类似于修改电子表格，在数据量不大时非常方便。

1）添加数据

向test数据库的tab1表添加一条记录(1, 'a column', '表1')的步骤如下：

（1）右击"表"节点下的dbo.tab1，选择"编辑前200行"命令，进入tab1表的数据编辑界面，如图1-19所示。

（2）在所有值均为NULL的空行输入对应列的值即可。

用相同的方式向tab2表和tab3表分别添加数据记录(2, '表2', 'tab2')和(1, 2, 5)。由于存在外键约束，tab3表的tab3_col1列和

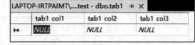

图1-19 tab1的数据编辑界面

tab3_col2列的值必须分别存在于tab1表和tab2表的主键列中，否则会报错。

2）修改数据

修改数据的过程与添加数据类似，右击"表"节点下的某个数据表，选择"编辑前200行"命令，然后在数据编辑界面修改相应的数据即可，但所做的修改不能破坏数据的完整性。

3）删除数据

右击"表"节点下的某个数据表，选择"编辑前200行"命令，然后在数据编辑界面找到需要删除的数据记录并将其选中，右击，选择"删除"命令。删除操作同样不能破坏数据的完整性。

8. 生成脚本及分离与附加

有些时候，由于数据库服务器不是个人专用机器，或者服务器安装了还原软件或硬件，需要复制数据库中的对象和数据等内容供下次使用。考虑到数据库的备份和还原相对来说比较麻烦，本书推荐使用以下两种更为方便的方式：一是生成脚本；二是数据库的分离与附加。

1）生成脚本

将数据库的对象和数据（可选）导出为一个SQL脚本，通过执行该脚本可以在相同或更高版本

的SQL Server上恢复数据库。以test数据库为例，操作步骤如下：

（1）右击test数据库，选择"任务"→"生成脚本"命令，打开生成脚本向导，如图1-20所示。

图1-20　生成脚本向导

（2）单击"下一步"按钮，选中"为整个数据库及所有数据库对象编写脚本"单选按钮，如图1-21所示。

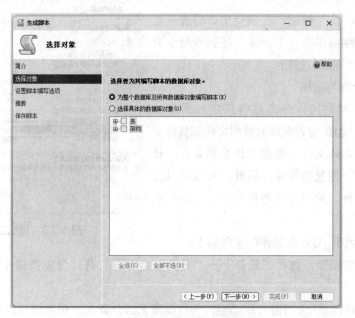

图1-21　为所有对象生成脚本

（3）单击"下一步"按钮，选中"另存为脚本文件"单选按钮，生成"一个脚本文件"，并设置存储位置和文件名等属性，如图1-22所示。

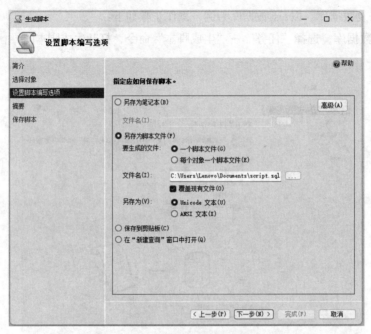

图 1-22 选择导出为单个脚本文件

（4）单击图 1-22 中的"高级"按钮，打开"高级脚本编写选项"对话框，找到"要编写脚本的数据的类型"选项，将默认的"仅限架构"改为"架构和数据"（使得导出的脚本包含表中的数据），单击"确定"按钮，如图 1-23 所示。

（5）单击"下一步"按钮，在摘要中查看选项是否有误，若无误则继续单击"下一步"按钮开始生成脚本，结束后单击"完成"按钮。

2）数据库的分离与附加

数据库的分离和附加：分离是将指定数据库从 SQL Server 中移除，但保留数据库的数据文件和日志文件；附加是指从数据库文件（数据文件必须要有，日志文件则是可选的）恢复数据库。因此，可以通过复制数据库的底层文件，然后在其他机器上通过附加恢复该数据库。

图 1-23 导出架构和数据

以 test 数据库为例，分离数据库的步骤如下：

（1）右击 test 数据库，选择"任务"→"分离"命令，打开"分离数据库"窗口，如图 1-24 所示。

（2）选中"删除连接"（当前有活动连接的数据库无法分离）、"更新统计信息"（若不选中，将会保留 test 数据库的优化统计信息，建议选中），单击"确定"按钮。

分离数据库后，在对象资源管理器中无法找到 test 数据库，但该数据库对应的 .mdf 文件和 .ldf 文件未被删除。因此，可用于通过附加操作来恢复数据库。附加 test 数据库的操作步骤如下：

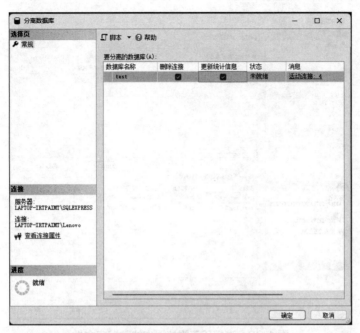

图 1-24 "分离数据库"窗口

（1）右击数据库服务器下的"数据库"节点，选择"附加"命令，打开"附加数据库"窗口，如图 1-25 所示。

图 1-25 "附加数据库"窗口

（2）单击"添加"按钮，在文件系统中选择 test.mdf 文件，若日志文件和数据文件在同一个目录下，系统会自动将其加入附加过程，如图 1-26 所示。

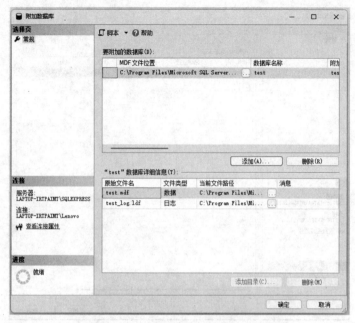

图 1-26　选择用于附加操作的数据库文件

（3）单击"确定"按钮，在对象资源管理器中就可以看到 test 数据库。

若将生成脚本和附加这两种恢复数据库的方式进行对比，可以发现：生成脚本是一个整体上更好的方法，因为该脚本只需要少量的修改即可在不同版本的 SQL Server 乃至其他数据库产品上恢复数据库；另一方面，高版本的 SQL Server 可以兼容低版本的数据库文件，反之则不然，因而附加操作的优点仅有操作简单一项。

1.3 实验内容

根据 1.2 节的内容使用 SQL Server 管理工具 SSMS 以 Windows 身份认证的方式连接数据库，并在图形界面下完成以下实验步骤：

（1）按默认设置创建用于学生管理的数据库 xscj（见图 1-27），后续步骤均针对该数据库执行。

（2）按表 1-1～表 1-4 描述的结构分别创建 student 表、course 表、sc 表和 contact 表（表设计器截图见图 1-28），要求设置主键和外键。

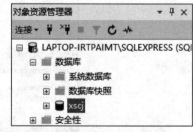

图 1-27　创建 xscj 数据库

表 1-1　student（学生）表结构

列　　名	描　　述	数据类型	是否可为空	说　　明
sno	学号	char(6)	否	主键
sname	姓名	nvarchar(15)	否	
ssex	性别	nchar(1)	是	

列 名	描 述	数据类型	是否可为空	说 明
sage	年龄	tinyint	是	
sdept	所在系	nvarchar(10)	是	

表 1-2 course（课程）表结构

列 名	描 述	数据类型	是否可为空	说 明
cno	课程号	char(3)	否	主键
cname	课程名	nvarchar(20)	否	
credit	学分	float	否	
pcno	选修课程号	char(3)	是	

表 1-3 sc（选课）表结构

列 名	描 述	数据类型	是否可为空	说 明
sno	学号	char(6)	否	主键、外键（引用student表sno列）
cno	课程号	char(3)	否	主键、外键（引用course表cno列）
grade	成绩	tinyint	是	

表 1-4 contact（联系人）表结构

列 名	描 述	数据类型	是否可为空	说 明
sno	学号	char(6)	否	主键、外键（引用student表sno列）
name	联系人姓名	nchar(15)	否	
tel	联系电话	char(11)	否	
addr	通信地址	nvarchar(80)	是	

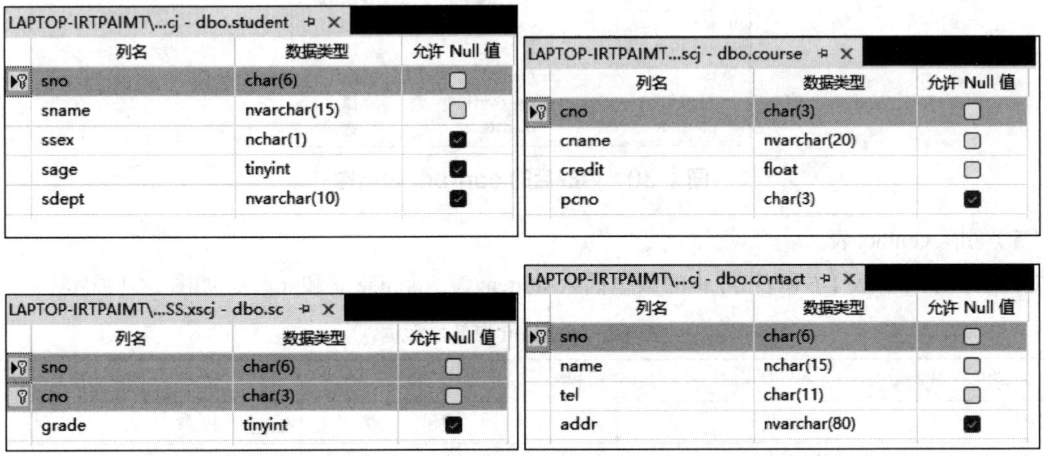

图 1-28 表设计器截图

（3）生成数据库关系图，如图1-29所示。

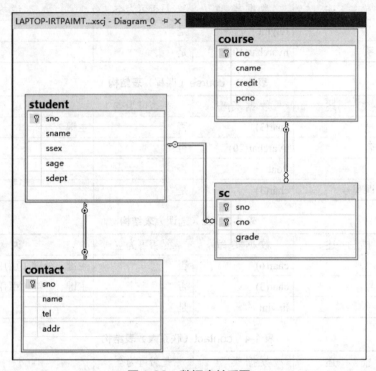

图1-29　数据库关系图

（4）修改contact表的结构：将addr列的数据类型改为nvarchar(100)，添加列postcode，数据类型为char(10)，允许为空。修改后的表设计器如图1-30所示。

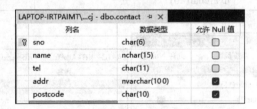

图1-30　修改后的contact表结构

（5）删除contact表。

（6）将表1-5、表1-6和表1-7中的数据插入student表、course表和sc表，如图1-31所示。

表1-5　student表基本数据

学　号	姓　名	性　别	年　龄	所　在　系
200101	王小虎	男	18	信息工程系
200102	李云	女	20	英语系
200103	吴钢	男	19	化学系
201101	侯凡纬	男	19	英语系

续表

学号	姓名	性别	年龄	所在系
201104	余林佳	男	19	英语系
201105	侯琦	女	19	化学系
210101	郭敏	女	18	信息工程系
210102	高灵	女	21	计算机系
210103	高大山	男	20	计算机系
210104	王欣宜	女	21	计算机系
210105	孙承伟	男	19	信息工程系
210106	常会茜	女	19	计算机系
210107	万铠	男	21	计算机系
210108	丁虹	女	23	计算机系
220101	郝炜	男	19	数学系
220102	丁旭	男	20	数学系
220103	陈庆	男	22	物理系
220104	叶巧	女	21	物理系

表 1-6 course 表基本数据

课程号	课程名	学分	先修课程号
001	数学	6	NULL
002	英语	4	NULL
003	高级语言	4	001
004	数据结构	4	003
005	数据库原理	3	004
006	信号与系统	2	NULL
007	有机化学	2	NULL
008	大学物理	3	NULL

表 1-7 sc 表基本数据

学号	课程号	成绩
200101	001	90
200101	002	87
200101	003	72
200102	004	58
200103	004	38
201105	005	NULL
210101	001	85
210101	002	62

续表

学　　号	课程号	成　　绩
210102	005	60
210103	005	78
210104	004	53
210104	005	NULL
210105	004	48
220101	003	92
220101	004	80
220101	005	98
220102	001	55
220103	001	52

sno	sname	ssex	sage	sdept
200101	王小虎	男	18	信息工程系
200102	李云	女	20	英语系
200103	吴钢	男	19	化学系
201101	侯凡纬	男	19	英语系
201104	余林佳	男	19	英语系
201105	侯琦	女	19	化学系
210101	郭敏	女	18	信息工程系
210102	高灵	女	21	计算机系
210103	高大山	男	20	计算机系
210104	王欣宜	女	21	计算机系
210105	孙承伟	男	19	信息工程系
210106	常会茜	女	19	计算机系
210107	万铠	男	21	计算机系
210108	丁虹	女	23	计算机系
220101	郝炜	男	19	数学系
220102	丁旭	男	20	数学系
220103	陈庆	男	22	物理系
220104	叶巧	女	21	物理系

sno	cno	grade
200101	001	90
200101	002	87
200101	003	72
200102	004	58
200103	004	38
201105	005	NULL
210101	001	85
210101	002	62
210102	005	60
210103	005	78
210104	004	53
210104	005	NULL
210105	004	48
220101	003	92
220101	004	80
220101	005	98
220102	001	55
220103	001	52

cno	cname	credit	pcno
001	数学	6	NULL
002	英语	4	NULL
003	高级语言	4	001
004	数据结构	4	003
005	数据库原理	3	004
006	信号与系统	2	NULL
007	有机化学	2	NULL
008	大学物理	2	NULL

图 1-31　写入三个表的数据

（7）将 student 表中学号为 200101 的学生的年龄修改为 20。

（8）删除学号为 220101 的学生选择 005 号课程的选课记录。

（9）生成包含架构和数据的 SQL 脚本。

（10）分离 xscj 数据库，并将 xscj.mdf 文件和 xscj_log.ldf 文件复制到另外一个目录。

（11）从默认的数据库文件目录中的 xscj.mdf 文件和 xscj_log.ldf 文件附加 xscj 数据库。

（12）删除 xscj 数据库，观察默认的数据库文件目录中是否存在 xscj.mdf 文件和 xscj_log.ldf 文件。

1.4 设计题

（1）使用 SSMS 的图形界面创建 xsgl 数据库。主数据文件初始大小 5 MB，最大 50 MB，自动增长，每次增加 1 MB；添加一个文件组 FG1，包含一个辅助数据文件，初始大小 10 MB，最大 100 MB，自动增长，每次增加 1%；日志文件初始大小 2 MB，最大 10 MB，自动增长，每次增加 2 MB。

（2）通过 SSMS 的图形界面在 xsgl 数据库中为 public 数据库角色创建一个名为 pub_sch 的架构。

第 2 章 使用 SQL 创建和管理数据库

2.1 实验目的

（1）掌握在管理工具 SSMS 中针对特定数据库运行 Structured Query Language（以后简称 SQL）的方法。

（2）熟练掌握使用 SQL 语句完成下列任务：

① 创建、修改和删除数据库的方法。

② 创建和删除架构的方法。

③ 创建和删除自定义数据类型。

④ 创建、修改和删除数据表的方法。

⑤ 向数据表添加数据。

2.2 课程内容与语法要点

虽然使用管理工具 SSMS 可以在图形界面下完成很多数据库操作，但仅使用图形界面管理数据库至少有以下不足之处：① 仅能完成操作内容，不利于学习和掌握操作对应的底层逻辑；② 当操作涉及的数据量太大时（如更新数据表中的一万条记录），效率低下；③ 不是所有的数据库服务器都安装有图形界面，但都有 SQL 命令行工具；④ 无法从事以数据库为中心的应用软件开发工作。但是，熟练掌握 SQL 可以有效地避免上述问题。因此，掌握好关系型数据库的标准操作语言 SQL 对于数据库管理员或其他数据库用户是十分必要的。本章及后续实验章节将使用 SSMS 运行 SQL（Microsoft 公司扩展了标准 SQL 语法，称为 T-SQL）语句来完成各项实验内容。

1. 在 SSMS 中执行 SQL 语句

连接数据库后，单击工具栏中的"新建查询"按钮或按【Ctrl+N】组合键新建一个 .sql 文件，在该文件中编辑 SQL 语句，然后单击"分析"按钮 ✓ 或按【Ctrl+F5】组合键运行这些语句。若只需要运行一部分 SQL 语句，则可以先选中这些语句，再运行即可。

2. 创建、修改和删除数据库

1）创建数据库

以下是创建数据库的 SQL 语句的基本语法格式：

```
CREATE DATABASE 数据库名
[    ON
    [PRIMARY] <文件选项> [ ,...n ]
    [ , <文件组选项> [ ,...n ] ]
    [ LOG ON <文件选项> [ ,...n ] ]
]
```

说明：

（1）直接执行"CREATE DATABASE 数据库名"会按照默认文件设置创建指定名称的数据库。

（2）文件选项中的 ON 关键字引出该数据的文件设置，无论是否使用 PRIMARY 关键字，都会创建 PRIMARY 文件组，包含一个主数据文件，以及可选的辅助数据文件。

（3）除 PRIMARY 文件组，还可以选择创建一个或多个文件组，用于包含辅助数据文件。

（4）LOG ON 用于指定日志文件，一个数据库至少要包含一个日志文件，若不指定日志文件，系统会创建一个默认的日志文件。

以下是文件选项的语法格式：

```
<文件选项> ::=
{
(
    NAME = 逻辑文件名,
    FILENAME = 物理文件路径
    [ , SIZE = 文件初始容量 [ KB | MB | GB | TB ] ]
    [ , MAXSIZE = { 文件最大容量 [ KB | MB | GB | TB ] | UNLIMITED } ]
    [ , FILEGROWTH = 文件增量 [ KB | MB | GB | TB | % ] ]
)
}
```

说明：

（1）NAME：指定数据或日志文件的逻辑名，注意区别物理文件名。

（2）FILENAME：指定文件的存储位置和物理文件名。

（3）SIZE：指定该文件的初始容量（必须是一个整数），默认单位为 MB。

（4）MAXSIZE：指定该文件的最大容量（必须是一个整数），默认单位为 MB；UNLIMITED 指该文件可以增长到磁盘充满（实际有限制，数据文件最大 16 TB，日志文件最大 2 TB）。

（5）FILEGROWTH：指定文件容量的自动增长方式，有固定值增长和百分比增长两种方式（若为指定 KB 等单位或 %，则默认单位为 MB），固定值增长指每次增加固定大小的容量，百分比增长则指每次增加当前文件大小的指定百分比。

以下是文件组选项的基本语法格式：

```
<文件组选项> ::=
{
FILEGROUP 文件组名
    <文件选项> [ ,...n ]
}
```

说明:

(1) FILEGROUP: 指定文件组名。

(2) 除 PRIMARY 文件组外,其他文件组可以为空,或者包含 1 个或多个辅助数据文件,由文件组名后的文件选项指定。

2) 修改数据库

以下是修改数据库名和文件结构的语法格式:

```
ALTER DATABASE 数据库名
{    MODIFY NAME = 新数据库名
   | ADD FILE <文件选项> [ ,...n ] [ TO FILEGROUP { 文件组名 } ]
   | ADD LOG FILE <文件选项> [ ,...n ]
   | REMOVE FILE 逻辑文件名
   | MODIFY FILE <文件选项>
   | ADD FILEGROUP 文件组名
   | REMOVE FILEGROUP 文件组名
   | MODIFY FILEGROUP 文件组名
      {
         <文件组可更新选项>
         | DEFAULT
         | NAME = 新文件组名
      }
}
```

说明:

(1) MODIFY NAME: 用于更新数据的名称。

(2) ADD FILE: 用于添加数据文件到 TO FILEGROUP 指定的文件组。若不设置 TO FILEGROUP 选项,则添加到 PRIMARY 文件组。

(3) ADD LOG FILE: 用于添加日志文件。

(4) REMOVE FILE: 用于删除逻辑文件名指定的数据文件。

(5) MODIFY FILE: 用于修改数据文件的属性,被修改的文件由<文件选项>中的 NAME 属性指定,可修改的属性(一次只能修改一个)包括逻辑文件名(由 NEWNAME 属性指定)、存储路径及物理文件名、初始容量(必须大于修改前的初始容量)、最大容量和自动增长方式。

(6) ADD FILEGROUP: 用于增加一个空的文件组。

(7) REMOVE FILEGROUP: 用于删除指定文件组。

(8) MODIFY FILEGROUP: 用于修改指定文件组的属性;<文件组可更新选项>指示文件组的

读/写权限（取值是 {READONLY | READWRITE} | {READ_ONLY | READ_WRITE} ）；DEFAULT 标识设置该文件组为默认文件组；NAME 指定新的文件组名。

3）删除数据库

以下是删除数据库的 SQL 命令的基本语法格式：

```
DROP DATABASE 数据库名 [ ,...n ]
```

说明：

（1）该语句没有确认信息提示，执行之前应确认。

（2）不要删除系统数据库，否则会导致数据库系统不可用。

（3）若当前有活动连接在使用该数据库，该操作会失败。

（4）可以一次删除多个数据库，用逗号将数据库名隔开即可。

3. 分离和附加数据库

1）分离数据库

以下是使用系统存储过程 sp_detach_db 分离指定数据库的语法：

```
EXECUTE sp_detach_db [ @dbname= ] '数据库名'
```

说明：

（1）EXECUTE 是执行存储过程的关键字。

（2）可选选项 @dbname 为形参名。

2）附加数据库

以下是使用 CREATE DATABASE 命令附加数据库的命令：

```
CREATE DATABASE 数据库名
    ON <文件选项> [ ,...n ]
    FOR ATTACH
```

说明：

（1）ON 关键字后可以有多个数据文件和日志文件，必须包含主数据文件，文件选项中只需要指定 FILENAME 属性。

（2）若分离后数据库文件的位置没有改变，则可以只包含主数据文件。

以下是使用系统存储过程 sp_attach_db 附加数据库的命令：

```
EXECUTE  sp_attach_db [ @dbname= ] '数据库名'
       , [ @filename1= ] '文件名_n' [ ,...16 ]
```

说明：

（1）"文件名_n"是带路径的数据库物理文件名，n 的值最大为 16，即最多包含 16 个文件。

（2）必须包含主数据文件，若分离后有文件的位置发生了变化，则必须显式地包含这些文件。

4. 选定当前数据库

当通过单击工具栏中的"新建查询"按钮新建一个数据库查询文件后，在该文件中的 SQL 语句均针对master数据库执行,原因是master数据库是默认的当前数据库。在这种情况下,通过执行CREATE DATABASE创建新的数据库是没有问题的,但如果继续执行CREATE TABLE等创建数据库对象的命令,这些新建的对象会创建于master数据库,而不是新创建的数据库。这个做法在某些情况下可能破坏master数据库,进而导致整个数据库系统崩溃。为了避免这种情况的发生,在完成数据库创建以后,应立即执行如下命令:

```
USE 新建数据库名
```

从而将当前数据库切换为指定的数据库,后续的操作均针对该数据库执行。

除了使用USE命令切换当前数据库以外,还可以通过右击指定数据库,选择"新建查询"命令新建一个数据库查询文件,此时不需要执行USE命令,因为右击操作已经为新建的查询文件选定了当前数据库。

设置好当前数据库后,即可在打开的文件中输入SQL语句。执行这些SQL语句的方式有两种:①选中一部分行,然后单击工具栏中的"执行"按钮,仅对当前数据库执行选中行的语句,未选中的不执行;②不选中任何一行语句,然后单击工具栏中的"执行"按钮,执行该文件中的全部语句。

5. 创建和删除架构

单击工具栏中的"新建查询"按钮新建一个数据库查询文件,然后使用USE命令切换到指定的数据库名。按以下语法输入SQL语句:

```
CREATE SCHEMA 架构名
```

在当前数据库中创建指定名称的架构,此后可以在该架构下创建各类数据库对象。

删除架构的语法如下:

```
DROP SCHEMA 架构名
```

注意:如果某架构下还存在数据库对象,则删除操作会失败。

6. 常用的数据类型

(1)整型:int、smallint、tinyint、bitint。

(2)精确数值型:decimal(p [, s])和numeric(p [, s]),p表示精度(即十进制数的长度),s为小数位数,s小于p,默认为0。

(3)浮点型:real、float。

(4)货币型:money、smallmoney,在使用时必须在数值前加上$符号,如$1000;若货币值为负值,则$符号必须在负号前面,如$-1000。

(5)位型:bit。

(6)字符/文本型:char、varchar、text,在这三种类型前加上字符n表示使用unicode字符集。

(7)日期时间类型:date、datetime、smalldatetime、time、timestamp。

7. 创建和删除别名数据类型

在SQL Server中创建表时,可能出现多个数据表的多个列具有相同的数据类型及是否允许为空的约束,为了减少工作量,可以使用CREATE TYPE语句为该数据类型及是否允许为空的约束定义别名，称为别名数据类型。其语法如下：

```
CREATE TYPE [ 架构名 . ] 别名数据类型
    FROM 基础类型 [ NULL | NOT NULL ]
```

此后，可以在定义列时直接使用别名数据类型。

8. 创建、修改和删除数据表

1）创建数据表

使用CREATE TABLE语句创建表的语法格式如下：

```
CREATE TABLE [ 架构名 . ] 表名
(
    <列定义>
  | <表约束>
)

<列定义> ::=
    列名 <数据类型> [ <列约束> ] | [ IDENTITY[(初值，增量)] ]

<列约束> ::=
    [ NULL | NOT NULL ]
  | [ CONSTRAINT 约束名 ] 约束内容
```

说明：

（1）列的定义必须要包含列名及其数据类型，其他内容为可选项。

（2）IDENTITY列指示该列为标识列，取值为一个唯一的、自增的值，初始值由"初值"指定，"增量"则指出自增的步长。

（3）列约束指的是约束内容仅涉及该列，常见的约束包括空值约束（NULL/NOT NULL）、条件约束（CHECK）、默认值约束（DEFAULT）、主键约束（PRIMARY KEY）和外键约束（FOREIGN KEY）。

（4）若某个约束涉及多个列，则必须独立定义为表约束，而不是放到列的定义中，例如主键由多个列共同组成时必须定义为表约束。

除了使用CREATE TABLE语句创建表外，还可以使用查询操作创建表，且创建的新表会包含查询结果（查询操作的内容见第3章）。其语法格式如下：

```
SELECT [ 列表达式列表 ] INTO 新表名 FROM 已有表名 WHERE 查询条件
```

说明：

（1）去掉"INTO 新表名"部分后为一个普通的查询操作。

（2）新表的定义由"[列表达式列表]"决定。

（3）若新表只需要结构而不要数据，可通过将"查询条件"设为假实现。

2）修改表结构

使用 ALTER TABLE 语句修改表结构的语法格式如下：

```
ALTER TABLE [ 架构名 . ] 表名
{
    ALTER COLUMN 列名 <数据库类型> [ <列约束> ]
  | ADD <列定义> [ , ... ]
  | ADD [ CONSTRAINT 约束名 ] 约束内容
  | DROP COLUMN 列名 [ , ... ]
  | DROP [ CONSTRAINT ] 约束名 [ , ... ]
}
```

说明：

（1）ALTER COLUMN 用于修改列的数据类型和列约束，不能修改列名。

（2）若修改后的数据库类型与该列已有的数据发生冲突，则会报错。

（3）默认情况下，修改列的定义后会针对已有数据验证该列上新加的或重新启用的条件约束和外键约束（即 ALTER COLUMN 子句默认有 WITH CHECK 选项），若不通过则会报错，并导致操作失败。

（4）若不希望执行第（3）点中的验证，可显式地给 ALTER COLUMN 子句指定 WITH NOCHECK 选项。

（5）ADD 子句可以一次给数据表增加多个列。

（6）ADD 可以为数据库增加约束，注意该约束为表约束。

（7）DROP COLUMN 子句用于删除指定名字的列。

（8）DROP 子句可以删除指定名字的约束。

从上述 ALTER TABLE 的定义可以发现，针对约束的删除操作需要用到约束名。由于定义约束时可以不指定约束名，此时系统会自动生成默认的约束名（包含一串没有意义的随机字符），不便于执行针对约束的操作。因此，建议读者为所有的约束都定义有意义的名字。

3）删除表

使用 DROP TABLE 语句删除数据表的语法格式如下：

```
DROP TABLE 表名 [ ,... ]
```

说明：

（1）一次可以删除多个数据表。

（2）若数据表不在 dbo 架构下，则需要指出架构名。

9. 向数据表添加数据

使用 INSERT INTO 语句向数据表添加数据的语法格式如下：

```
INSERT INTO 表名 [ 列名列表 ]
{
    VALUES (<值列表>)
  | SELECT 语句
}
```

说明：

（1）"列名列表"用于指定哪些列必须给出具体的值，当只给出表中的部分列的数据时（其他列可能允许为空、有默认值、有自增值或者 timestamp 值），必须给出该列表。

（2）若要给每一列添加数据，则"列名列表"可省略，此时可视为存在一个默认的、包含全部列的"列名列表"，其顺序为创建表时指定的列顺序。

（3）无论是 VALUES 关键字后的值列表，还是 SELECT 语句的结果集中的列，其数目和顺序必须与显式或默认的"列名列表"中的列数目及顺序一一对应。

2.3 实验内容

在 SSMS 中新建数据库查询文件，并在其中编写 SQL 语句完成以下实验步骤：

（1）创建数据库 XSCJ，数据库文件存储在"D:\MyDB\"目录下。主数据文件初始大小为 20 MB，最大 100 MB，每次增长 5 MB，日志文件初始大小 5 MB，最大 20 MB，每次增长 10%。

SQL 语句：

```sql
CREATE DATABASE XSCJ
ON PRIMARY
(
    NAME = 'xscj_mdata',
    FILENAME = 'D:\MyDB\xscj_mdata.mdf',
    SIZE = 20MB,
    MAXSIZE = 100MB,
    FILEGROWTH = 5MB
)
LOG ON
(
    NAME = 'xscj_log',
    FILENAME = 'D:\MyDB\xscj_log.ldf',
    SIZE = 5MB,
    MAXSIZE = 20MB,
    FILEGROWTH = 10%
)
```

结果如图 2-1 所示，刷新数据库节点可以发现 XSCJ 数据库，在 D:\MyDB 目录下可以发现对应的主数据文件 xscj_mdata.mdf 和日志文件 xscj_log.ldf。

图 2-1　SSMS 中的数据库及对应的文件

(2）将当前数据库切换为刚刚创建的XSCJ数据库。
SQL语句：

```
USE XSCJ
```

(3）创建模式s_test。
SQL语句：

```
CREATE SCHEMA s_test
```

展开XSCJ数据库的安全性节点下的架构节点，可以发现成功创建了s_test架构，如图2-2所示。

(4）根据表1-1中的内容在s_test架构下创建student表。
SQL语句：

```
CREATE TABLE s_test.student
(
    sno char(6) PRIMARY KEY,
    sname nvarchar(15) NOT NULL,
    ssex nchar(1),
    sage tinyint,
    sdept nvarchar(10)
)
```

展开表节点可以发现s_test架构下有一个名为student的数据表，如图2-3所示。

图2-2 创建s_test架构

图2-3 s_test架构下的student表

注意：① 在表定义中，除最后一个元素外，每一个元素（列定义或表约束定义）后都要以英文逗号结束；② 此处没有给student表的主键约束指定一个有意义的名字，可以将PRIMARY KEY替换为CONSTRAINT PK_student_sno PRIMARY KEY来指定主键名；③ student表的主键也可以作为表约束进行定义，对应的SQL语句为PRIMARY KEY (sno)或CONSTRAINT PK_student_sno PRIMARY KEY (sno)；④ 非空约束NOT NULL须显式定义，可为空约束NULL则是默认的，因此sname不能为空，ssex、sage和sdept则可为空。

（5）根据表1-2在s_test架构下创建course表。

SQL语句：

```
CREATE TABLE s_test.course
(
    cno char(3),
    cname nvarchar(20) NOT NULL,
    credit float NOT NULL,
    pcno char(3) CONSTRAINT FK_course_pcno FOREIGN KEY references s_test.course(cno),
    CONSTRAINT PK_course_cno PRIMARY KEY (cno)
)
```

执行结果如图2-4所示。

注意：此处的外键较为特殊，外键pcno引用的是同表中的主键cno。

（6）根据表1-3在s_test架构下创建sc表。

SQL语句：

```
CREATE TABLE s_test.sc(
    sno char(6) references s_test.student(sno),
    cno char(3) references s_test.course(cno),
    grade tinyint,
    CONSTRAINT PK_sc_sno_cno PRIMARY KEY (sno, cno)
)
```

执行结果如图2-5所示。

图2-4　s_test架构下的course表

图2-5　s_test架构下的sc表

注意：① 此处的主键由两个列构成，因此只能定义为表约束；② 作为列定义的一部分，此处的外键约束采用了最简化的定义方式，即直接在列定义内部通过 references 关键字指定被引用的表及其主键；③ 以外键 sno 为例，通过表约束对其定义时的 SQL 语句是 CONSTRAINT FK_sc_sno FOREIGN KEY (sno) references s_test.student(sno)。

（7）为 student 表添加两列：籍贯（place）和地址（addr），数据类型自行定义，合理即可。

SQL 语句：

```
ALTER TABLE s_test.student ADD place varchar(20), addr varchar(30)
```

在设计视图下打开 student 表，可以发现新增加的 place 和 addr 两列，如图 2-6 所示。

（8）删除第（7）步中添加的两列。

SQL 语句：

```
ALTER TABLE s_test.student DROP COLUMN place, addr
```

重新打开 student 表的设计视图，可以发现 place 和 addr 两列已被删除，如图 2-7 所示。

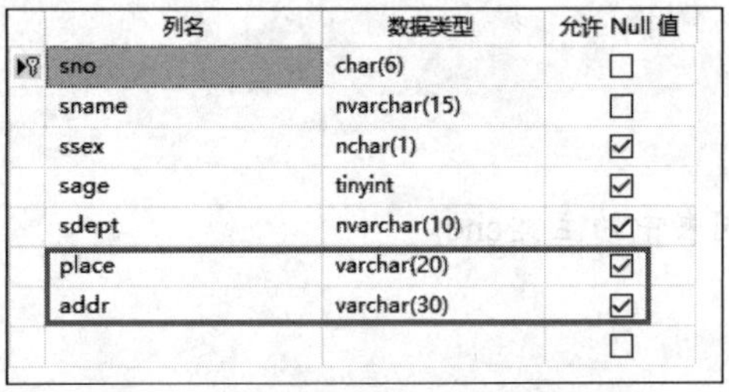

图 2-6　设计视图下的 student 表 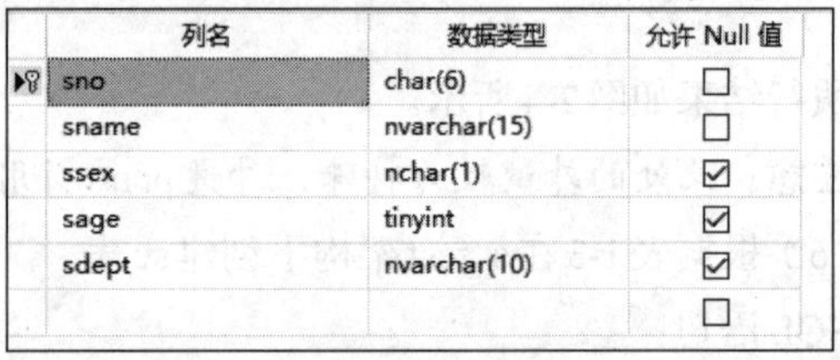　　图 2-7　删除 place 和 addr 两列后的 student 表设计视图

（9）将 course 表的 cname 列的数据类型改为 nvarchar(30)。

SQL 语句：

```
ALTER TABLE s_test.course ALTER COLUMN cname nvarchar(30)
```

在设计视图下，修改前和修改后的 course 表如图 2-8 所示。

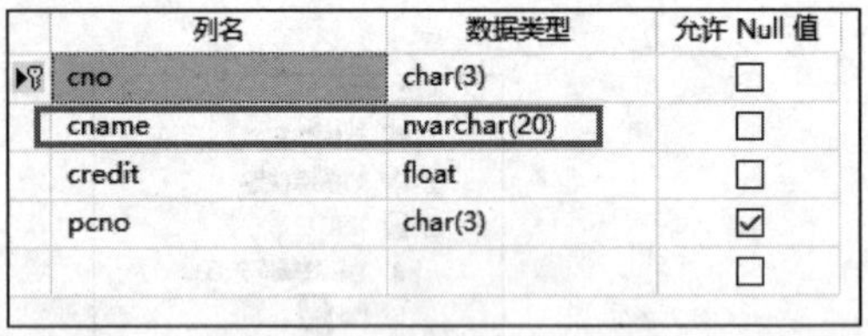

（a）修改前 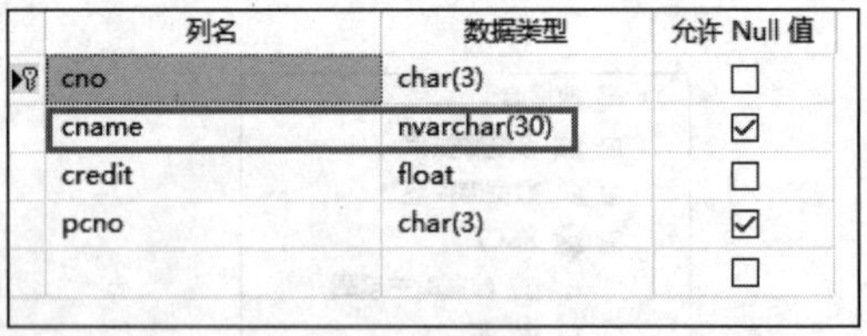　　　　　　　　　　　　　　　　（b）修改后

图 2-8　course 表修改前和修改后

（10）删除 sc 表的主键。

SQL 语句：

```
ALTER TABLE s_test.sc DROP PK_sc_sno_cno
```

在设计视图下,修改前的sc表中有用于标志主键的钥匙图标,而修改后的sc表则没有钥匙图标,说明成功删除了sc表的主键,如图2-9所示。

列名	数据类型	允许 Null 值
sno	char(6)	□
cno	char(3)	□
grade	tinyint	☑
		□

(a)修改前

列名	数据类型	允许 Null 值
sno	char(6)	□
cno	char(3)	□
grade	tinyint	☑
		□

(b)修改后

图 2-9 sc 表修改前和修改后

(11)为sc表设置主键。
SQL语句:

```
ALTER TABLE s_test.sc ADD CONSTRAINT PK_sc PRIMARY KEY (sno, cno)
```

执行结果如图2-10所示,经过修改后sc表又有了主键。

(12)为课程号列创建别名数据类型,基础类型为char(3),不允许为空。
SQL语句:

```
CREATE TYPE type_Cno FROM char(3) NOT NULL
```

展开XSCJ数据的可编程性节点,在类型节点下可以发现用户自定义数据类型dbo.type_Cno,如图2-11所示。

列名	数据类型	允许 Null 值
sno	char(6)	□
cno	char(3)	□
grade	tinyint	☑
		□

图 2-10 重新添加主键后的 sc 表

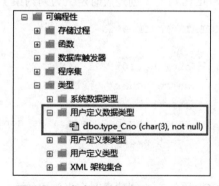

图 2-11 自定义数据类型 type_Cno

(13)根据表1-3在dbo架构下创建sc表,cno列使用别名数据类型type_Cno。
SQL语句:

```
CREATE TABLE sc(
    sno char(6) references s_test.student(sno),
    cno type_Cno references s_test.course(cno),
    grade tinyint,
    CONSTRAINT PK_sc_sno_cno PRIMARY KEY (sno, cno)
)
```

dbo 架构下有一个名为 sc 的表,在其设计视图中可以发现 cno 列的数据类型是 type_Cno 且不允许为空,如图 2-12 所示。

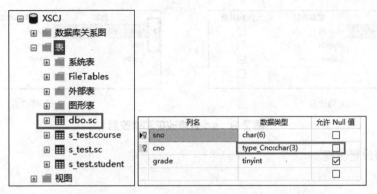

图 2-12 dbo 架构下的 sc 表及其设计视图

注意:① 在创建表时,若不指定所属架构,则使用默认架构 dbo;② 以上命令的成功执行说明可以在不同架构下的表之间建立外键引用关系。

(14)用三种方式设置 sage 列的 CHECK 约束:将学生年龄字段的值限定在 0~30 之间。

SQL 语句 1:(修改已有表的定义,添加 CHECK 约束)

```
ALTER TABLE s_test.student
  ADD CONSTRAINT chk_sage CHECK(sage>=15 and sage<=30)
```

SQL 语句 2:(创建表时定义为列约束)

```
CREATE TABLE student2
(
    sno char(6) PRIMARY KEY,
    sname nchar(15) NOT NULL,
    ssex nchar(1),
    sage tinyint constraint con_age_1 check(sage>=15 and sage<=30),
    sdept nvarchar(10)
)
```

SQL 语句 3:(创建表时定义为表约束)

```
CREATE TABLE student3
(
    sno char(10) PRIMARY KEY,
    sname nchar(15) NOT NULL,
    ssex nchar(1),
    sage tinyint,
    sdept nvarchar(10),
    constraint con_age_2 check(sage>=15 and sage<=30)
)
```

无论上述三个表中的哪一个，打开其设计视图后，右击 sage 列，在弹出的快捷菜单中选择"CHECK 约束"命令即可查看该列上定义的 CHECK 约束的具体内容，如图 2-13 所示。

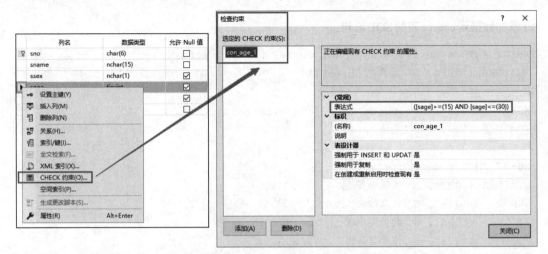

图 2-13 查看 sage 列的 CHECK 约束

（15）根据表 1-5、表 1-6 和表 1-7 的数据为 s_test 架构下的三个表分别添加数据。

注意：若列的数据类型为 Unicode 字符，则应在字符串常量前加上字母 N 将其转变为 Unicode 字符。

① 添加数据到 student 表的 SQL 语句：

```
INSERT INTO s_test.student (sno, sname, ssex, sage, sdept)
    VALUES ('200101', N'王小虎', N'男', 18, N'信息工程系')
GO
INSERT INTO s_test.student
    VALUES ('200102', N'李云', N'女', 20, N'英语系')
GO
INSERT INTO s_test.student (sno, sname, ssex, sage, sdept)
    VALUES ('200103', N'吴钢', N'男', 19, N'化学系'),
           ('201101', N'侯凡纬', N'男', 19, N'英语系'),
           ('201104', N'余林佳', N'男', 19, N'英语系'),
           ('201105', N'侯琦', N'女', 19, N'化学系'),
           ('210101', N'郭敏', N'女', 18, N'信息工程系'),
           ('210102', N'高灵', N'女', 21, N'计算机系'),
           ('210103', N'高大山', N'男', 20, N'计算机系'),
           ('210104', N'王欣宜', N'女', 21, N'计算机系'),
           ('210105', N'孙承伟', N'男', 19, N'信息工程系'),
           ('210106', N'常会茜', N'女', 19, N'计算机系'),
           ('210107', N'万铠', N'男', 21, N'计算机系'),
           ('210108', N'丁虹', N'女', 23, N'计算机系'),
           ('220101', N'郝炜', N'男', 19, N'数学系'),
           ('220102', N'丁旭',  N'男', 20, N'数学系'),
```

```
                 ('220103', N'陈庆',    N'男', 22, N'物理系'),
                 ('220104', N'叶巧',    N'女', 21, N'物理系')
GO
```

② 添加数据到 course 表的 SQL 语句：

```
INSERT INTO s_test.course (cno, cname, credit, pcno)
    VALUES ('001', N'数学', 6, NULL)
GO
INSERT INTO s_test.course (cno, cname, credit)
    VALUES ('002', N'英语', 4)
GO
INSERT INTO s_test.course
    VALUES ('003', N'高级语言', 4, '001'),
           ('004', N'数据结构', 4, '003'),
           ('005', N'数据库原理', 3, '004'),
           ('006', N'信号与系统', 2, NULL),
           ('007', N'有机化学', 2, NULL),
           ('008', N'大学物理', 2, NULL)
GO
```

③ 添加数据到 sc 表的 SQL 语句：

```
INSERT INTO s_test.sc (sno, cno, grade)
    VALUES ('200101', '001', 90),
           ('200101', '002', 87),
           ('200101', '003', 72),
           ('200102', '004', 58),
           ('200103', '004', 38),
           ('201105', '005', NULL),
           ('210101', '001', 85),
           ('210101', '002', 62),
           ('210102', '005', 60),
           ('210103', '005', 78),
           ('210104', '004', 53),
           ('210104', '005', NULL),
           ('210105', '004', 48),
           ('220101', '003', 92),
           ('220101', '004', 80),
           ('220101', '005', 98),
           ('220102', '001', 55),
           ('220103', '001', 52)
GO
```

注意：① 关键字 GO 为 SQL Server 的批处理结束标志；② 观察上述 INSERT INTO 语句中"列名

列表"的表现形式及与"值列表"的关系；③ 右击以上表的名字，在弹出的快捷菜单中选择"选择前1000行"命令查询数据，可以验证上述INSERT命令是否执行成功，如图2-14所示。

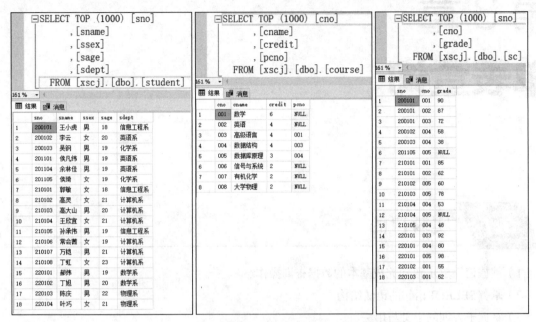

图2-14 查询三个表以验证INSERT操作执行成功

2.4 设计题

（1）使用SQL语句为XSCJ数据库添加一个文件组FG1，并向该文件组添加一个辅助数据文件，大小为10 MB，最大为100 MB，每次增长10 MB。

（2）使用SQL语句分离XSCJ数据库。

（3）使用SQL语句附加XSCJ数据库。

第 3 章
单表查询

3.1 实验目的

（1）掌握使用SQL语句完成基本的数据查询操作。
（2）掌握SELECT语句的语法结构。
（3）掌握子查询的定义与用法。

3.2 课程内容与语法要点

查询是数据库系统中最基本、最常用和最重要的操作。通过编写并执行SELECT语句可以实现针对数据表或视图的选择、投影和连接操作，还能完成分组统计和结果排序任务。本章主要包含针对单个数据表的基本查询操作，不涉及连接和分组统计等内容。

1. SELECT语句

SELECT语句的基本语法格式：

```
SELECT [ ALL | DISTINCT ] [TOP （整数） [PERCENT] ]
       < 目标列表达式 [ [ AS ] 别名 ] > [ ,...n ]
  [ FROM 数据来源表 [ ,...n ] ]
  [ WHERE 查询条件 ]
  [ ORDER BY 排序规则 ]
```

说明：

（1）前两行是SELECT子句，此后依次为FROM子句、WHERE子句和ORDER BY子句。

（2）除SELECT子句外，其他子句均可省略，省略FROM子句常见于过程化SQL编程，省略WHERE子句表示源表中的所有记录都满足要求（即没有要求），省略ORDER BY子句表示不对查询结果排序。

2. SELECT子句

SELECT子句用于指定出现在查询结果中的列，以及对结果中的重复行和行数目进行设置。此处的“列”指的是广义的列，可以是源表中的列，也可以是算术表达式的结果或函数的返回值。

（1）[ALL | DISTINCT]：设置结果中的重复行，默认值为ALL，表示结果集中可以包含重复行；DISTINCT表示在结果集中只能包含唯一行（即会去掉重复行）。注意，此时NULL值是相等的（仅在这种情况下可以用“相等”来比较NULL值）。

（2）[TOP (整数) [PERCENT]]：设置结果中的行数目，“TOP (整数)”表示返回结果集的前“整数”行；与“TOP (整数)”返回指定数目的行不同，“TOP (整数) PERCENT”表示返回结果集的前百分比的行作为最终输出（即前百分之“整数”的行）。如果有ORDER BY子句，则针对排序后的结果集进行选择。

（3）目标列表达式：有以下常见设置。

①“*”：表示结果集包含源表中的所有列，以下查询将返回student表的所有列。

```
SELECT * FROM student
```

查询结果包含了student表全部的5列数据，如图3-1所示。

② 指定列：通过指定源表中一个或多个列的名字使结果集仅包含指定列，以下查询将返回student表的sno列和sname列。

```
SELECT sno, sname FROM student
```

结果仅包含sno和sname两列的数据，如图3-2所示。

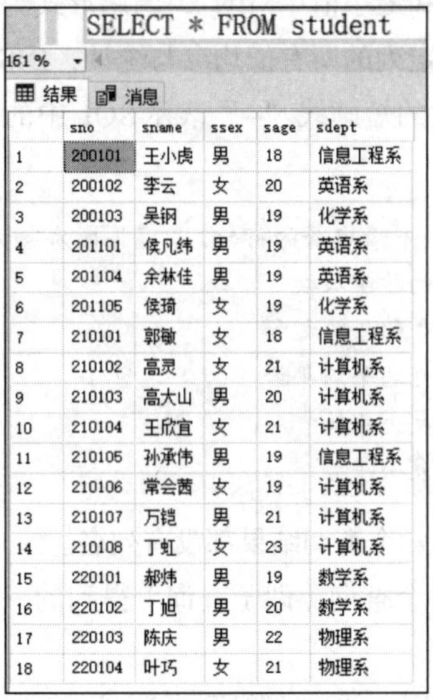

SELECT * FROM student

161 % 结果 消息

	sno	sname	ssex	sage	sdept
1	200101	王小虎	男	18	信息工程系
2	200102	李云	女	20	英语系
3	200103	吴钢	男	19	化学系
4	201101	侯凡纬	男	19	英语系
5	201104	余林佳	男	19	英语系
6	201105	侯琦	女	19	化学系
7	210101	郭敏	女	18	信息工程系
8	210102	高灵	女	21	计算机系
9	210103	高大山	男	20	计算机系
10	210104	王欣宜	女	21	计算机系
11	210105	孙承伟	男	19	信息工程系
12	210106	常会茜	女	19	计算机系
13	210107	万铠	男	21	计算机系
14	210108	丁虹	女	23	计算机系
15	220101	郝炜	男	19	数学系
16	220102	丁旭	男	20	数学系
17	220103	陈庆	男	22	物理系
18	220104	叶巧	女	21	物理系

图 3-1 SELECT * FROM student 查询结果

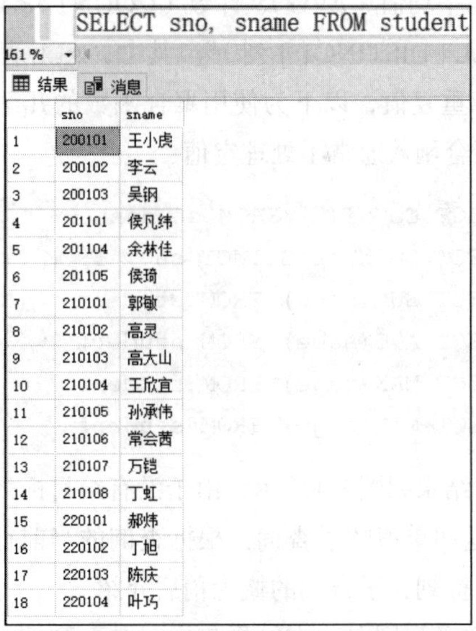

SELECT sno, sname FROM student

161 % 结果 消息

	sno	sname
1	200101	王小虎
2	200102	李云
3	200103	吴钢
4	201101	侯凡纬
5	201104	余林佳
6	201105	侯琦
7	210101	郭敏
8	210102	高灵
9	210103	高大山
10	210104	王欣宜
11	210105	孙承伟
12	210106	常会茜
13	210107	万铠
14	210108	丁虹
15	220101	郝炜
16	220102	丁旭
17	220103	陈庆
18	220104	叶巧

图 3-2 SELECT sno, sname FROM student 查询结果

③ 算术表达式：将加减乘除和取余等计算结果的值作为结果集中的列，以下查询将返回student表的sno列和计算得到的学生出生年份（函数getdate()返回当前日期，函数year()获取日期值中的年份）。

```
SELECT sno, year(getdate())-sage FROM student
```

结果包含 sno 和学生出生年份。其中，第二列列名显示为"（无列名）"（见图3-3），表示该结果列没有名字，后面会说明可以通过 AS 关键字给结果列取别名。

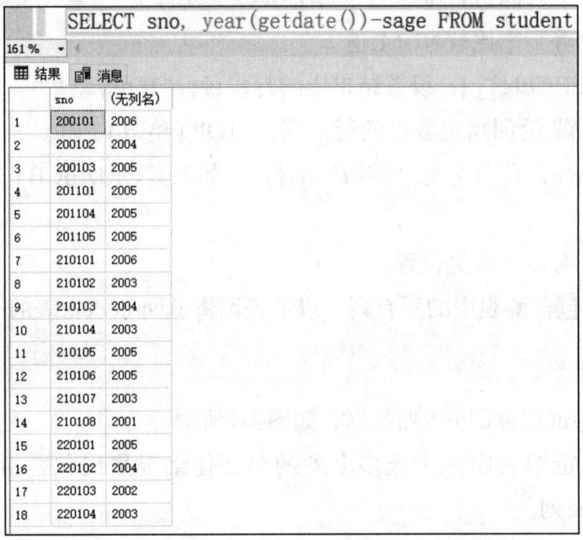

```
SELECT sno, year(getdate())-sage FROM student
```

	sno	(无列名)
1	200101	2006
2	200102	2004
3	200103	2005
4	201101	2005
5	201104	2005
6	201105	2005
7	210101	2006
8	210102	2003
9	210103	2004
10	210104	2003
11	210105	2005
12	210106	2005
13	210107	2003
14	210108	2001
15	220101	2005
16	220102	2004
17	220103	2002
18	220104	2003

图 3-3　SELECT sno, year(getdate())-sage FROM student 查询结果

④ 聚合函数：对查询结果的值进行统计并将统计结果作为结果集的列，常见的聚集函数有求和（SUM）、平均值（AVG）、计数（COUNT）、最大值（MAX）和最小值（MIN），调用形式为"函数名（[ALL | DISTINCT] 列）"。其中，ALL 表示查询结果中指定列的所有值均参与统计，DISTINCT 则会去掉重复值，以下为使用聚合函数的几个例子（两个连续的短画线"--"表示 SQL 中的注释）。此外，聚合函数通常不处理空值：

```
SELECT COUNT(*) FROM student            -- 统计 student 表包含的行数，* 可替换为 sno
SELECT COUNT(DISTINCT sno) FROM sc      -- 统计选过课的学生人数
SELECT SUM(sage) FROM student           -- 计算全部学生的年龄之和
SELECT AVG(sage) FROM student           -- 计算全部学生的平均年龄
SELECT MAX(sage) FROM student           -- 找出学生的最大年龄
SELECT MIN(sage) FROM student           -- 找出学生的最小年龄
```

统计结果如图3-4所示，由于没有给目标列表达式取别名，六个查询结果都没有列名。

⑤ 返回单值的子查询：根据查询的当前行的数据通过另一个查询（即子查询）得到的一个值构成一个目标列，子查询的概念稍后介绍。

⑥ 定义列别名：在结果集中对某一列取一个新的名字，其语法是"目标列表达式 [AS] 别名"（其中，AS 可以省略，但建议保留），还可以写作"别名 = 目标列表达式"，当别名中包含空格或系统关键字时，应将其放入单引号或方括号中，以下是为④中部分查询结果列取别名的例子。

```
SELECT COUNT(*) AS 学生人数 FROM student
SELECT COUNT(DISTINCT sno) '选课学生 人数' FROM sc
SELECT [学生平均 年龄] = AVG(sage) FROM student
```

执行结果如图3-5所示，三个统计结果均有名字。其中，通过单引号或方括号可以设置包含空格的列名。在数据库实践活动中，笔者推荐使用AS关键字设置不含空格的别名。

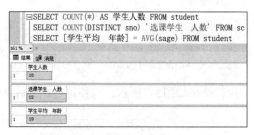

图3-4　多种聚集函数的结果　　　　　　　　图3-5　三种取别名方式

3. FROM子句

FROM关键字指出参与查询的数据来源，常见的数据来源包括基本表、视图、导出表和公用表达式。后三者实质上均可视为另一个查询操作的结果集。FROM关键字后可以有多个数据来源，本章仅考虑单个数据来源的情况。

1）基本表和视图

在查询操作中，基本表和视图（又称为"虚表"）的使用方式是一样的，直接将其名字放置于FROM关键字后即可，也可以使用AS关键字对其取别名（AS关键字可省略，但建议保留，注意不能使用"="指定基本表或视图的别名）。

2）导出表和公用表达式

导出表的语法格式：

```
查询语句 [ AS ] 导出表名 [ （别名列表） ]
```

说明：可选的"别名列表"是指对前面查询语句的结果集中的列取别名，若需要指定别名，则"别名列表"应包含结果集中每一列的别名，以下为一个使用导出表的示例。

```
-- 统计男生的人数
SELECT COUNT(男生学号)
FROM (SELECT sno, sname FROM student WHERE ssex=N'男')
     AS TMP (男生学号，男生姓名)
```

执行结果如图3-6所示，读者可以通过执行查询语句"SELECT COUNT(*) FROM student WHERE ssex=N'男'"验证上面语句的执行结果是否正确。

公用表达式的语法格式：

```
WITH 公用表达式名 [ 别名列表 ] AS （查询语句）
```

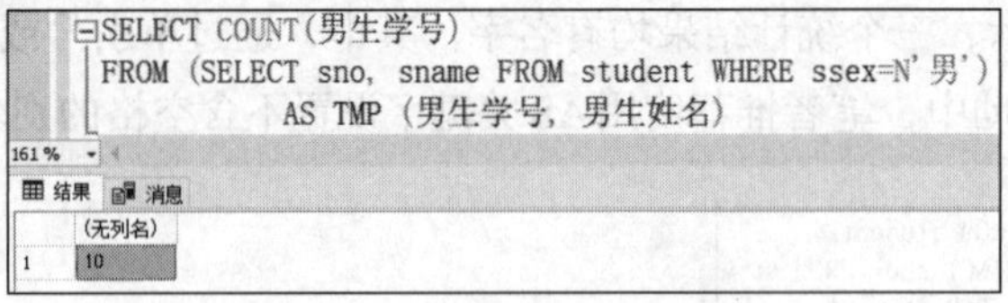

```
┌SELECT COUNT(男生学号)
FROM (SELECT sno, sname FROM student WHERE ssex=N'男')
          AS TMP (男生学号,男生姓名)
```

图 3-6　导出表作为数据源

说明： 可选的"别名列表"的规定与导出表中的设置是相同的，以下是使用公用表达式统计男生的人数的例子。

```
-- 统计男生的人数
WITH cte_male_stu AS (SELECT sno, sname FROM student WHERE ssex=N'男')
SELECT COUNT(*) FROM cte_male_stu
```

执行结果如图 3-7 所示，与使用导出表作为数据源的结果一致。

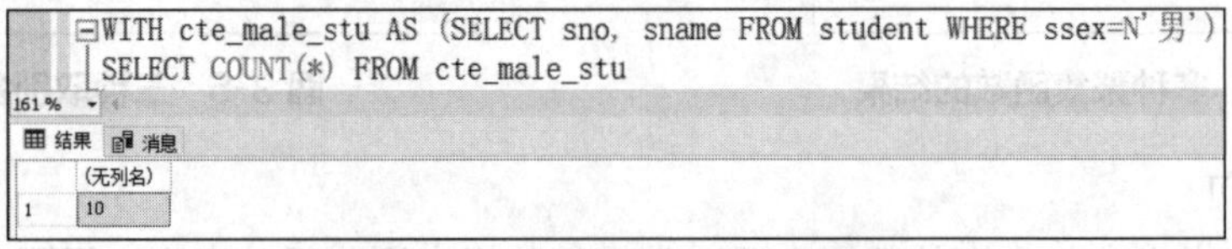

```
┌WITH cte_male_stu AS (SELECT sno, sname FROM student WHERE ssex=N'男')
 SELECT COUNT(*) FROM cte_male_stu
```

图 3-7　公用表达式作为数据源

4. 子查询

子查询指的是在一个查询语句（称为父查询）中嵌套其他的查询语句（称为子查询）以实现复杂的查询操作。其理论基础在于：查询操作的输入是集合，其输出也是集合，因此可以将一个查询的结果作为另外一个查询的输入（包括作为数据来源和查询条件两种情况），例如导出表，基于 IN 谓词和 EXISTS 谓词的查询条件。此外，由于查询结果可能是一个单值（即查询结果是一个一行一列的表格），子查询还可以出现在 SELECT 子句中作为目标列，以及在 WHERE 子句中作为比较条件。由此可见，子查询可以出现在 SELECT 子句、FROM 子句和 WHERE 子句中。由于子查询常见于 WHERE 子句中，本章先于 WHERE 子句介绍子查询。

1）子查询的分类

执行查询操作的逻辑过程可以简单地描述为以下过程：遍历源表中的每一行，将其与查询条件进行对比，若符合条件则将其放入结果集，否则跳过；然后从上一步的结果集中选择或计算所需的目标列。

根据子查询的运行机制，可以分为两类：不相关子查询，不依赖于外部的父查询，因而只需要执行一次，其结果相对于父查询而言是一个常量；相关子查询，依赖于外部父查询，父查询遍历源表的每一行时都要执行这类子查询一次。

2）子查询举例

（1）作为目标列：

```
-- 查询学生的学号、姓名和选课门数
SELECT sno, sname, (SELECT COUNT(*) FROM sc WHERE sno=student.sno)
```

```
              AS 选课门数
FROM student
```

查询结果如图3-8所示，每个学生的选课门数是通过一个子查询得到的。

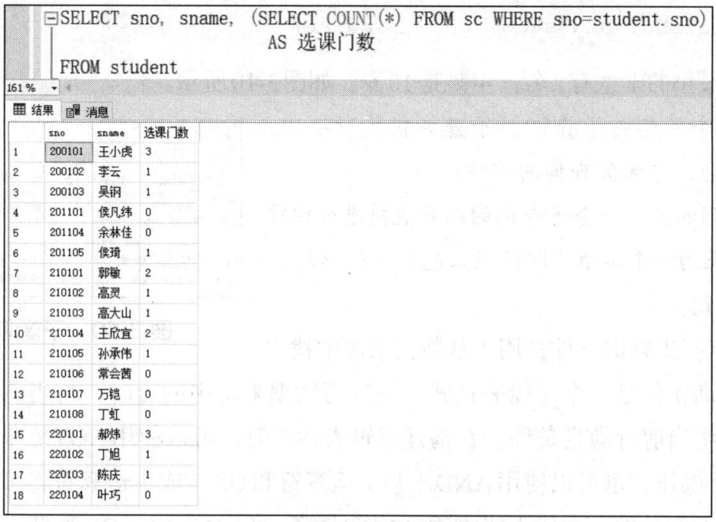

```
SELECT sno, sname, (SELECT COUNT(*) FROM sc WHERE sno=student.sno)
                AS 选课门数
    FROM student
```

图3-8　子查询作为目标列表达式

说明：这是一个相关子查询，当父查询遍历student表时，用当前行的学号student.sno作为子查询 SELECT count(*) FROM sc WHERE sno=student.sno 的条件，从而计算出当前行的学生所选课程的门数。

注意：子查询中未指明来源的列均来自其自身的数据来源，即子查询WHERE子句中的sno来自它自己的数据来源sc表。

（2）作为数据来源：

```
-- 查询至少有一门课程取得90分以上成绩的学生的学号
SELECT DISTINCT sno
FROM (SELECT sno FROM sc WHERE grade>=90) AS TMP
```

查询结果仅包含sno列，如图3-9所示。

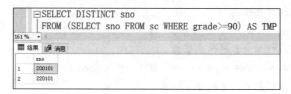

图3-9　子查询作为数据来源

说明：这是一个不相关子查询，子查询执行一次的结果作为父查询的数据来源。

注意：使用子查询作为数据来源时，必须为其取别名，即将它的结果作为一个"表"来使用，而对这个"表"中的列取别名则是可选的。

（3）作为查询条件：

```
-- 找出年龄最小的学生的信息
SELECT *
FROM student
WHERE sage=(SELECT MIN(sage) FROM student)
```

查询结果年龄最小的学生有2名，年龄是18岁，如图3-10所示。

说明：这是一个不相关子查询，子查询仅执行一次，找到学生的最小年龄，作为父查询的条件。

注意：将一个列的值与一个子查询的结果直接进行比较的前提条件是该结果为一个单值（即结果只包含一行一列）。

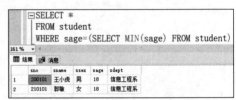

图 3-10　子查询作为查询条件

5. WHERE子句

WHERE关键字指出查询条件，用于从数据来源中找出满足条件的行。查询条件是一个逻辑表达式，在遍历数据来源中的行时，将当前行的值代入该表达式，若值为真，说明当前行满足条件。在构建逻辑表达式时，可以使用NOT（非）运算符对逻辑值（真或假）执行取反操作，也可以使用AND（与）运算符和OR（或）运算符将多个逻辑值组合起来以表达一个复杂的查询条件。在优先级方面，NOT最高，AND次之，OR最低，必要的时候可以使用括号改变表达式的优先级（括号内的表达式优先计算）。

单个查询条件有以下常见设置：

1）比较表达式

使用比较运算符比较两个表达式的值，包括等于（=）、小于（<）、大于（>）、小于或等于（<=）、大于或等于（>=）、不等于（<>, !=）、不小于（!<）、不大于（!>）。其语法格式如下：

表达式1　比较运算符　表达式2

说明：当表达式1和表达式2的值均不为空值时，该式的值为真或假，否则其值为UNKNOWN，因此在涉及空值的查询条件中应避免使用比较运算符。

以下为使用比较表达式作为查询条件的例子：

```
-- 查询200101号学生所选课程的课程号
SELECT cno FROM sc WHERE sno='200101'
-- 查询年龄大于18岁的男生信息
SELECT * FROM student WHERE ssex=N'男' AND sage>18
-- 查询年龄大于18岁或性别为男的学生信息
SELECT * FROM student WHERE ssex=N'男' OR sage>18
-- 查询年龄大于18岁且性别不为男的学生信息
SELECT * FROM student WHERE NOT (ssex=N'男') AND sage>18
```

查询结果如图3-11所示。

2）字符串匹配

将字符串表达式的值（通常是某一列的值）与预先定义的模式字符串进行匹配，若匹配成功，则返回真，否则返回假。其语法格式如下：

```
表达式 [ NOT ] LIKE 模式匹配字符串 [ ESCAPE 转义字符 ]
```

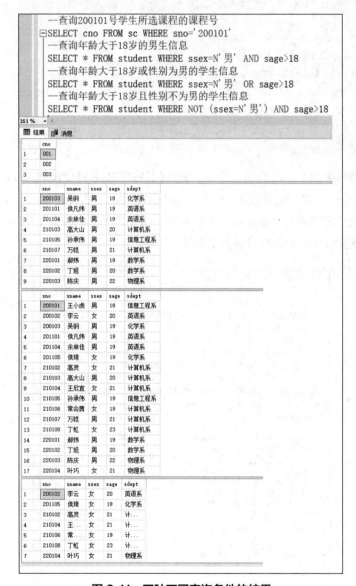

图 3-11　四种不同查询条件的结果

说明：LIKE 表示要求表达式符合模式匹配字符串（若确实符合，返回真），而 NOT LIKE 表示要求表达式不符合模式匹配字符串（若确实不符合，返回真）；模式匹配字符串可以包含四个通配符，分别是"%"（可代表任意长度的字符串）、"_"（下画线，可代表单个字符）、"[]"（代表指定范围内的单个字符，如[a-f]）和"[^]"（代表指定范围以外的单个字符，如[^a-f]）；当需要匹配表达式中的通配符（此时是普通字符，没有特殊含义）时，则需要定义一个转义字符（一般取不常用的字符，如@和\）将模式匹配字符串中的某个通配符转义为普通字符。

以下为使用字符串匹配作为查询条件的例子：

```
-- 查询姓王的学生信息
SELECT * FROM student WHERE sname LIKE N'王%'
-- 查询不姓王的学生信息
SELECT * FROM student WHERE sname NOT LIKE N'王%'
-- 查询姓李且姓名为两个字的学生信息
SELECT * FROM student WHERE rtrim(sname) LIKE N'李_'
-- 查询学号以2开始，以1、2或3结尾的学生信息
SELECT * FROM student WHERE sno LIKE '2%[1-3]'
-- 查询学号以2开始，不以1、2或3结尾的学生信息
SELECT * FROM student WHERE sno LIKE '2%[^1-3]'
```

这些查询语句的结果如图3-12所示。第三个查询的WHERE条件中使用rtrim()函数去掉了sname值尾部的空格。由于sname是固定长度为15的Unicode字符串，不去掉尾部的空格会导致查询结果集为空。此外，如果被匹配的列是Unicode字符串类型，则模式字符串需要使用字母N转化为Unicode字符串，这为处理英文以外的语言符号提供了条件。

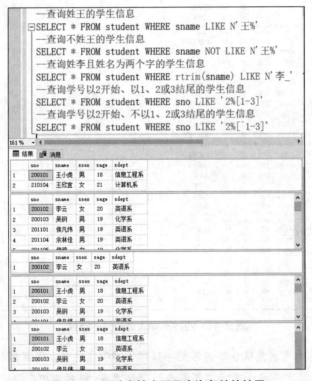

图 3-12　五种字符串匹配查询条件的结果

3）范围比较

用于要求某个表达式的值来自一个特定的闭区间范围。其语法格式如下：

表达式　[NOT]　BETWEEN　表达式1 AND　表达式2

说明： 表达式 1 的值必须不大于表达式 2 的值；当不使用 NOT 选项时，要求表达式的值位于闭区间 [表达式 1，表达式 2]（包含边界），等价于"表达式 >= 表达式 1 AND 表达式 <= 表达式 2"；当使用 NOT 选项时，等价于"表达式 < 表达式 1 OR 表达式 > 表达式 2"（为了避免语义发生变化，最好放入小括号内部）。

以下为使用范围比较作为查询条件的例子：

```
-- 查询年龄在 20 到 22 之间的学生信息
SELECT * FROM student WHERE sage BETWEEN 20 AND 22
-- 查询年龄不在 20 到 22 之间的学生信息
SELECT * FROM student WHERE sage NOT BETWEEN 20 AND 22
```

查询结果如图 3-13 所示。

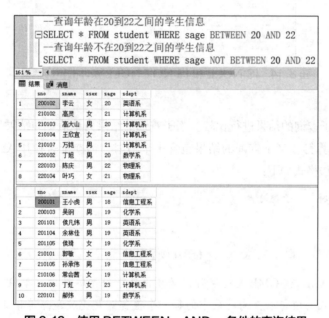

图 3-13　使用 BETWEEN...AND... 条件的查询结果

4）判断是否为空值

由于直接与空值进行比较的结果是 UNKNOWN，因此不能直接使用等于（=）运算符来判断某个值是否为空。此时，需要使用 IS NULL 关键字进行判断，其语法格式如下：

```
表达式 IS [ NOT ] NULL
```

说明： 若表达式的值为空，则"表达式 IS NULL"的值为真，"表达式 IS NOT NULL"的值为假；若表达式的值不为空，则"表达式 IS NULL"的值为假，"表达式 IS NOT NULL"的值为真；形如"列名 =NULL"的表达式是错误的。

以下为使用判断是否为空值作为查询条件的例子：

```
-- 查询有成绩的选课信息
SELECT * FROM sc WHERE grade IS NOT NULL
```

```
-- 查询成绩为空的选课信息
SELECT * FROM sc WHERE grade IS NULL
```

查询结果如图 3-14 所示。

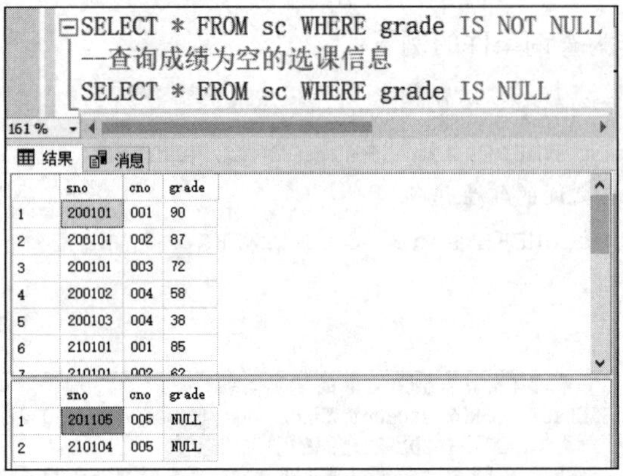

图 3-14 IS NULL 和 IS NOT NULL 条件的查询结果

5）比较子查询

将某个值与一个子查询的结果进行比较。当子查询的结果为单值（即结果只包含一行一列）时，可以直接使用比较运算符；当子查询的结果包含多个值时，需要配合使用 ALL 或 SOME（等价于 ANY）关键字。其语法格式如下：

```
表达式    比较运算符    (子查询)
```

或

```
表达式    比较运算符    {ALL | SOME}    (子查询)
```

说明：当不使用 ALL 或 SOME 关键字时，必须保证子查询的结果为单值，否则有出错的可能；ALL 关键字表示表达式的值与子查询结果中的每一个值都满足比较运算符指定的比较关系时，才返回真，否则返回假；SOME 或 ANY 表示表达式的值与子查询结果中的某一个值满足比较运算符指定的比较关系时，返回真，否则返回假。

以下为使用比较子查询作为查询条件的例子：

```
-- 查询年龄最大的学生信息（1）
SELECT * FROM student WHERE sage=(SELECT MAX(sage) FROM student)
-- 查询年龄最大的学生信息（2）
SELECT * FROM student WHERE sage>=ALL(SELECT DISTINCT sage FROM student)
-- 查询选课门数在 2 门以上的学生信息
SELECT * FROM student WHERE 2<=(SELECT COUNT(*) FROM sc
                                WHERE sno=student.sno)
-- 查询没有选修 005 号课程的学生信息
SELECT * FROM student WHERE '005'<>ALL(SELECT cno FROM sc
                                       WHERE sno=student.sno)
```

```
-- 查询选修了005号课程的学生信息
SELECT * FROM student WHERE '005'=SOME(SELECT cno FROM sc
                                        WHERE sno=student.sno)
```

查询结果如图3-15所示。

图3-15 五种使用比较子查询条件的查询结果

6）IN谓词

IN用于判断某个值是否属于给定的集合，该集合可以是一个常量，也可以是一个子查询（通常是不相关子查询）。其语法格式如下：

```
表达式 IN {(集合元素 [ ,...n ]) | (子查询)}
```

说明：当表达式的值与集合中的某个元素或者子查询结果中的某个值相等时，返回真，否则返回假。

以下为使用IN谓词作为查询条件的例子：

```
-- 查询英语系、化学系和计算机系的学生信息
SELECT * FROM student WHERE sdept IN (N'英语系', N'化学系', N'计算机系')
-- 查询至少选修一门课程的学生信息
SELECT * FROM student WHERE sno IN (SELECT DISTINCT sno FROM sc)
```

```
-- 查询选修了001号或002号课程的学生信息
SELECT * FROM student WHERE sno IN (SELECT sno FROM sc
                                    WHERE cno IN ('001', '002'))
```

查询结果如图3-16所示。

图3-16 三种使用IN谓词作为查询条件的查询结果

7）EXISTS谓词

EXISTS用于检测一个子查询的结果是否是空表，该子查询通常是相关子查询。其语法格式如下：

```
[ NOT ] EXISTS （子查询）
```

说明：当子查询的结果为空表时，"EXISTS（子查询）"的值为假，"NOT EXISTS（子查询）"的值为真；当子查询的结果不为空表时，"EXISTS（子查询）"的值为真，"NOT EXISTS（子查询）"的值为假；由于EXISTS谓词只关心查询结果是否为空表，子查询的目标列通常采用"*"；在查询条件中使用子查询时，EXISTS谓词的条件一般可以转换为等价语义的IN谓词条件。

以下为使用EXISTS谓词作为查询条件的例子：

```
-- 查询至少选修一门课程的学生信息
SELECT * FROM student WHERE EXISTS (SELECT * FROM sc
                                    WHERE sno=student.sno)
```

```
-- 查询没有选课的学生信息
SELECT * FROM student WHERE NOT EXISTS (SELECT * FROM sc
                                         WHERE sno=student.sno)
-- 查询选修了001号或002号课程的学生信息
SELECT * FROM student WHERE EXISTS
       (SELECT * FROM sc WHERE sno=student.sno AND cno IN ('001', '002'))
-- 查询没有选修001号和002号课程的学生信息
SELECT * FROM student WHERE NOT EXISTS
       (SELECT * FROM sc WHERE sno=student.sno AND cno IN ('001', '002'))
```

查询结果如图3-17所示，请读者尝试将这些查询改写为直接使用IN谓词的查询语句。

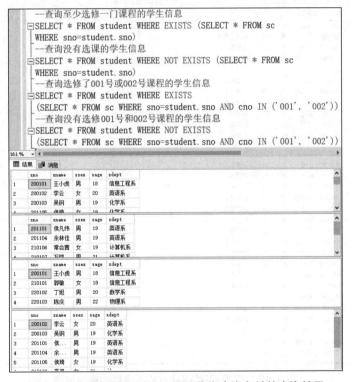

图 3-17　四种使用 EXIST 谓词作为查询条件的查询结果

6. ORDER BY子句

ORDER BY子句用于对查询结果进行排序，排序依据可以是一个或多个目标列，排序方式有升序和降序两种。如果排序依据包含多个目标列，则先按第一个目标列的要求进行排序；如果查询结果中多个行在第一个目标列上的值相同（即无法按第一个目标列进行排序），则按第二个目标列的排序要求对这些行进行排序，依此类推。其语法格式如下：

```
ORDER BY 目标列表达式  [ ASC | DESC ] [ ,...n ]
```

说明："目标列表达式"可以是别名；ASC表示按升序排列，DESC则对应降序排列，默认值为ASC。

以下为对查询结果进行排序的例子：

```
-- 查询男生的信息，结果按学号升序排列
SELECT * FROM student WHERE ssex=N'男' ORDER BY sno ASC
-- 查询所有学生信息，结果按年龄降序排列，年龄相同的按学号升序排列
SELECT * FROM student ORDER BY sage DESC, sno
```

查询结果如图3-18所示，可以发现排序子句已经生效。

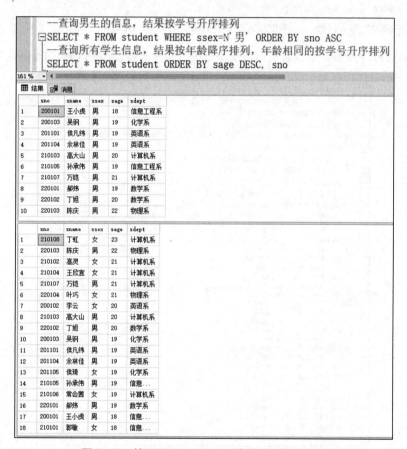

图3-18　使用ORDER BY排序后的查询结果

3.3　实验内容

在第1章所创建的数据库中，编写并执行SELECT语句以完成下列单表查询操作。

（1）查询学生的学号和姓名。

SQL语句：

```
SELECT sno, sname FROM student
```

查询结果如图3-19所示。

（2）查询有学生选修的课程的课程号。

SQL语句：

```sql
SELECT DISTINCT cno FROM sc
```

查询结果如图3-20所示。“有学生选修的课程”是指在sc表中出现过的课程号代表的课程，类似的查询还有：选过课的学生的学号。

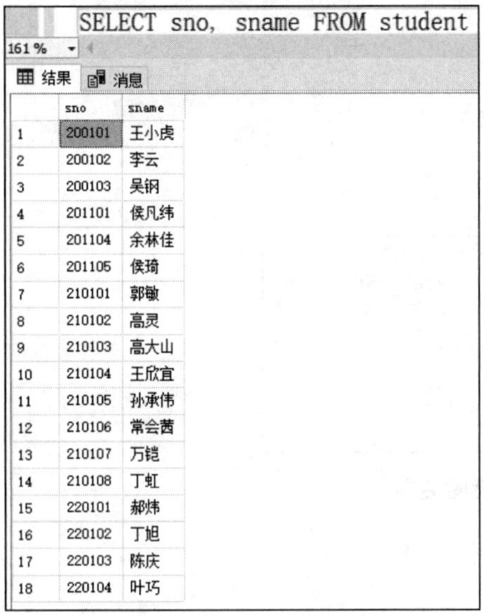

	sno	sname
1	200101	王小虎
2	200102	李云
3	200103	吴钢
4	201101	侯凡纬
5	201104	余林佳
6	201105	侯琦
7	210101	郭敏
8	210102	高灵
9	210103	高大山
10	210104	王欣宜
11	210105	孙承伟
12	210106	常会茜
13	210107	万铠
14	210108	丁虹
15	220101	郝炜
16	220102	丁旭
17	220103	陈庆
18	220104	叶巧

图3-19 步骤（1）查询结果

	cno
1	001
2	002
3	003
4	004
5	005

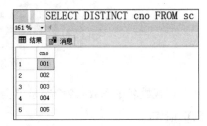

图3-20 步骤（2）查询结果

（3）查询学分为3或选修课号为001的课程的课程号和课程名。

SQL语句：

```sql
SELECT cno, cname FROM course WHERE credit=3 OR pcno='001'
```

查询结果如图3-21所示。该查询的WHERE子句是两个用OR连接的条件，满足其一即可，结果中的003号课程满足条件“选修课号为001”，005号课程则满足条件“学分为3”。

	cno	cname
1	003	高级语言
2	005	数据库原理

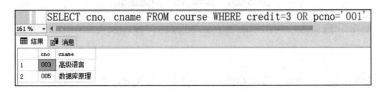

图3-21 步骤（3）查询结果

（4）查询选修了课程002且成绩在80～90之间的学生的学号。

SQL语句：

```sql
SELECT sno FROM sc WHERE cno='002' AND grade BETWEEN 80 AND 90
```

查询结果如图3-22所示。

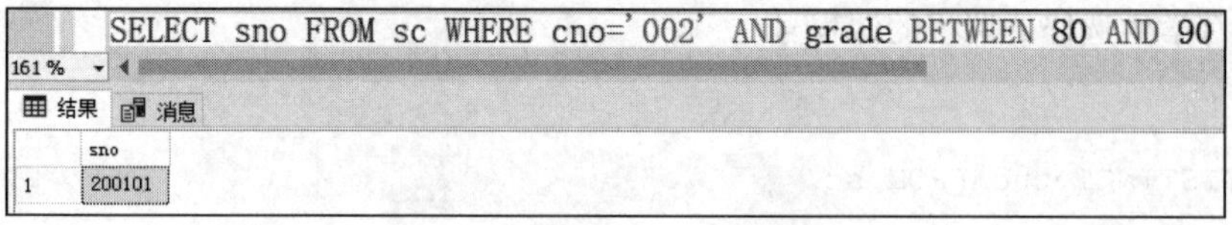

```
SELECT sno FROM sc WHERE cno='002' AND grade BETWEEN 80 AND 90
```

图 3-22　步骤（4）查询结果

（5）查询王姓或李姓学生的学号、姓名、性别。
SQL 语句：

```
SELECT sno, sname, ssex FROM student
WHERE sname LIKE N'王%' OR sname LIKE N'李%'
```

查询结果如图 3-23 所示。

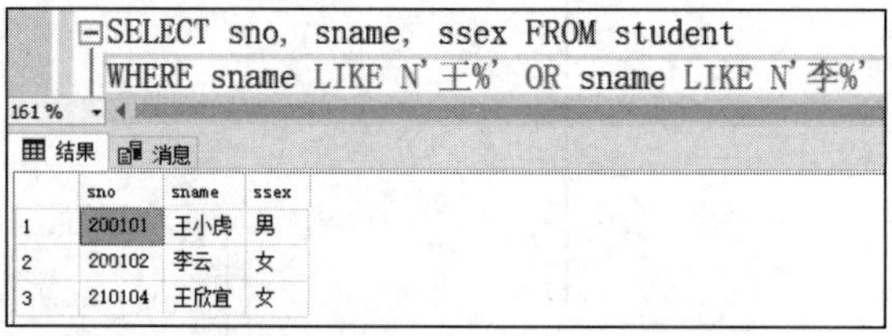

图 3-23　步骤（5）查询结果

（6）查找姓名中倒数第 2 个字是"会"的学生的学号和姓名。
SQL 语句：

```
SELECT sno, sname FROM student WHERE rtrim(sname) LIKE N'%会_'
```

查询结果如图 3-24 所示。使用 rtrim() 函数的原因在上一节已经说明过，此处不再赘述。

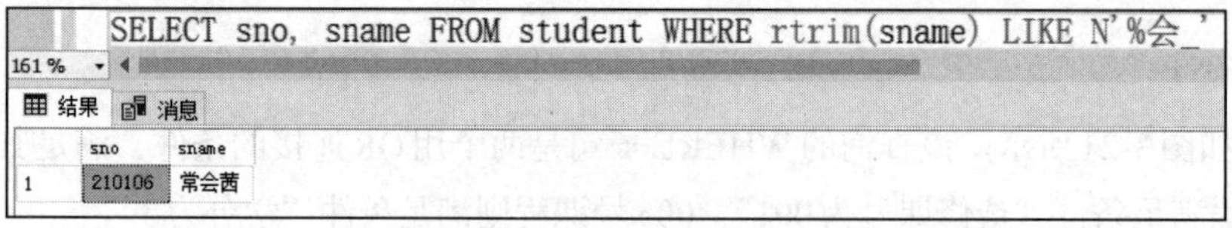

图 3-24　步骤（6）查询结果

（7）查找课程名以"数据库_"开头的课程的课程号、课程名。
SQL 语句：

```
-- 为便于验证查询结果，先增加一门名称以"数据库_"开头的课程
INSERT INTO course VALUES ('009', N'数据库_课程设计', 1, 005)

SELECT cno, cname FROM course WHERE cname LIKE N'数据库$_%' ESCAPE '$'
```

查询结果如图 3-25 所示。转义字符"$"将紧随其后的特殊字符"_"转为普通字符，但特殊字符"%"的含义则没有发生变化。可见，一个转义字符只能改变紧跟它的下一个字符的含义。

（8）使用 IN 谓词年龄查找为 18、19、21 的学生的学号、姓名、性别。

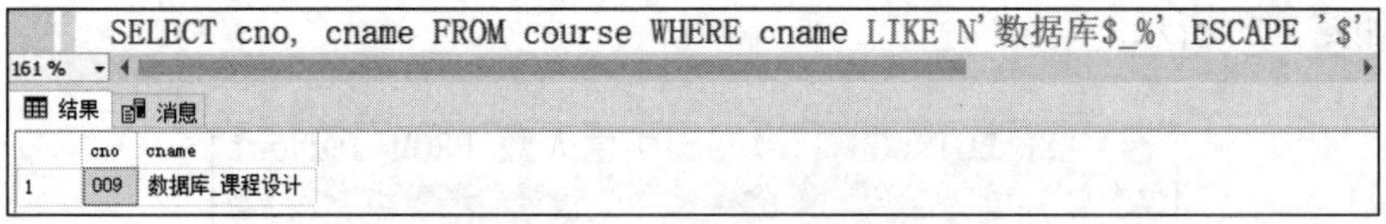

SELECT cno, cname FROM course WHERE cname LIKE N'数据库$_%' ESCAPE '$'

	cno	cname
1	009	数据库_课程设计

图 3-25 步骤（7）查询结果

SQL语句：

```
SELECT sno, sname, ssex FROM student WHERE sage IN (18,19,21)
```

查询结果如图3-26所示。

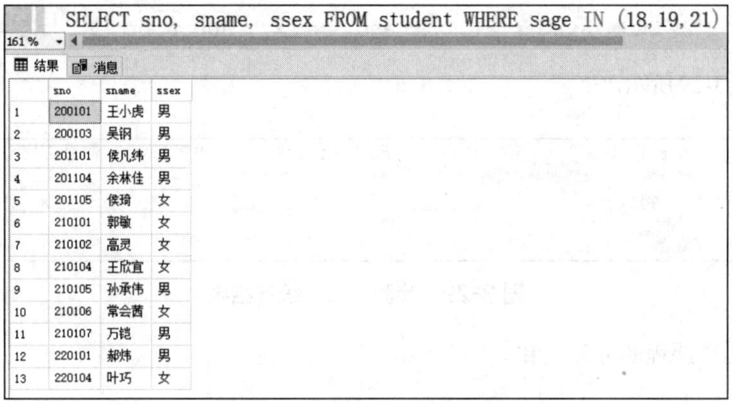

SELECT sno, sname, ssex FROM student WHERE sage IN (18, 19, 21)

	sno	sname	ssex
1	200101	王小虎	男
2	200103	吴钢	男
3	201101	侯凡纬	男
4	201104	余林佳	男
5	201105	侯琦	女
6	210101	郭敏	女
7	210102	高灵	女
8	210104	王欣宜	女
9	210105	孙承伟	男
10	210106	常会茜	女
11	210107	万铠	男
12	220101	郝炜	男
13	220104	叶巧	女

图 3-26 步骤（8）查询结果

（9）按年龄对学生进行降序排列，年龄相同的按姓名升序排列。

SQL语句：

```
SELECT * FROM student ORDER by sage DESC, sname ASC
```

排序结果如图3-27所示。

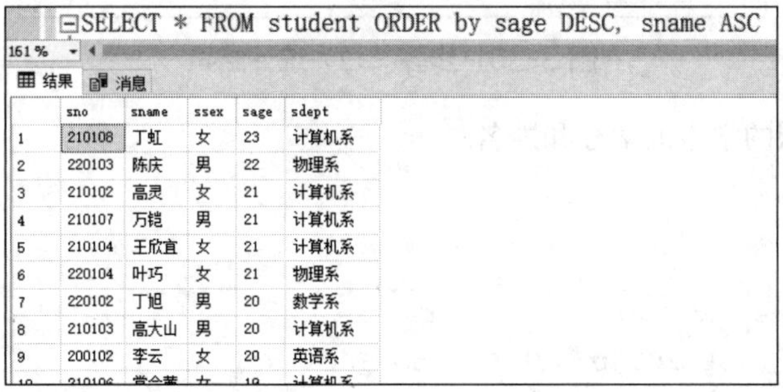

SELECT * FROM student ORDER by sage DESC, sname ASC

	sno	sname	ssex	sage	sdept
1	210108	丁虹	女	23	计算机系
2	220103	陈庆	男	22	物理系
3	210102	高灵	女	21	计算机系
4	210107	万铠	男	21	计算机系
5	210104	王欣宜	女	21	计算机系
6	220104	叶巧	女	21	物理系
7	220102	丁旭	男	20	数学系
8	210103	高大山	男	20	计算机系
9	200102	李云	女	20	英语系

图 3-27 步骤（9）排序结果

（10）统计学生的人数。

SQL语句：

```
SELECT COUNT(*) as 学生人数 FROM student
```

统计结果如图3-28所示。

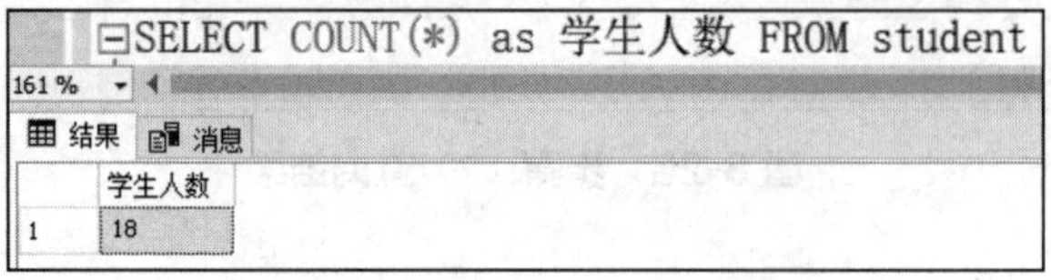

图3-28 步骤（10）统计结果

（11）统计信息工程系女生的人数。
SQL语句：

```
SELECT COUNT(*) FROM student WHERE ssex=N'女' AND sdept=N'信息工程系'
```

统计结果如图3-29所示。

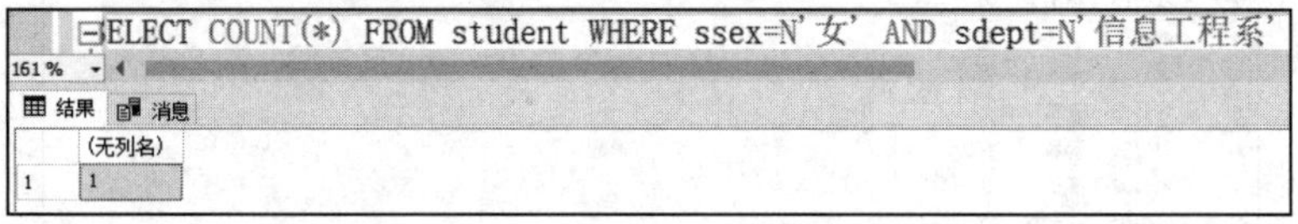

图3-29 步骤（11）统计结果

（12）统计001号课程的分数之和。
SQL语句：

```
SELECT SUM(grade) FROM sc WHERE cno='001'
```

统计结果如图3-30所示。

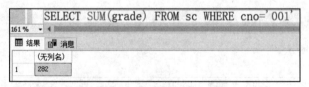

图3-30 步骤（12）统计结果

（13）查询没有选课的学生的学号和姓名。
SQL语句：

```
-- 使用 IN 谓词
SELECT sno, sname FROM student
WHERE sno NOT IN (SELECT DISTINCT sno FROM sc)
-- 使用 EXISTS 谓词
SELECT sno, sname FROM student
WHERE NOT EXISTS (SELECT * FROM sc WHERE sno= student.sno)
```

查询结果如图3-31所示，可以发现两个查询的结果是完全一样的。

（14）查询没有选修001课程的学生的学号和姓名。

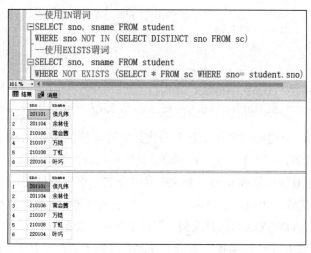

图 3-31 步骤（13）查询结果

SQL 语句：

```
-- 使用 IN 谓词
SELECT sno, sname FROM student
WHERE sno NOT IN (SELECT DISTINCT sno FROM sc WHERE cno='001')
-- 使用 EXISTS 谓词
SELECT sno, sname FROM student
WHERE NOT EXISTS (SELECT * FROM sc WHERE cno='001' AND sno= student.sno)
```

查询结果如图 3-32 所示。

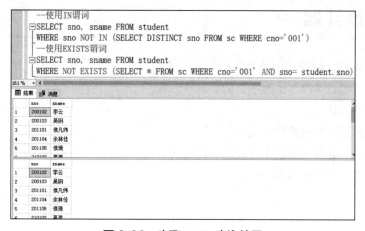

图 3-32 步骤（14）查询结果

（15）查询选修了全部课程的学生的学号。

SQL 语句：

```
-- 为便于验证查询结果，添加选课数据，使 200101 号学生选修全部课程
INSERT INTO sc(sno, cno) VALUES ('200101', '004'), ('200101', '005'),
```

```
                                    ('200101', '006'), ('200101', '007'),
                                    ('200101', '008'), ('200101', '009')

SELECT sno FROM student WHERE NOT EXISTS
    (SELECT * FROM course WHERE NOT EXISTS
    (SELECT * FROM SC WHERE sc.sno=student.sno AND sc.cno=course.cno))
```

结果如图 3-33 所示。上述语句实际上是关系代数中除运算的 SQL 实现，需要使用两层嵌套的 NOT EXISTS 子查询。读者在理解上可能存在困难，此时可以这样分析该语句：

① 每次拿一个学生的学号依次和每一个课程号组合起来作为条件到 sc 表中去查询数据。如果该学生有一门课程没有选修，则内层子查询会产生一次空结果集，使得内层 NOT EXISTS 条件产生"真"值，最终导致外层 NOT EXISTS 条件为假，即该学生不符合条件。

② 只有当一个学生选修了全部课程，内层子查询的结果才一直不为空，使得内层 NOT EXISTS 条件一直为假。此时，外层子查询的结果一直为空，外层 NOT EXISTS 条件一直为真，使得当前学生符合条件，进入最终的结果集。

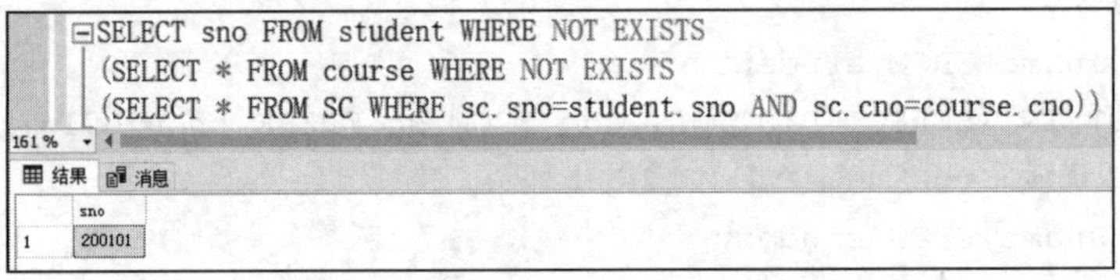

图 3-33 步骤（15）查询结果

3.4 设计题

（1）查询年龄在 19～21 岁之间的女生的基本信息。
（2）查找姓名中包含"虎"字的学生的学号和姓名。
（3）统计男生的人数。
（4）查找年龄超过平均年龄的学生姓名。
（5）查询计算机学院学生数据库课程的平均成绩。
（6）查询全部学生都选修的课程信息。

第 4 章 多表查询

4.1 实验目的

（1）掌握使用 SELECT 语句完成涉及多个数据表的查询操作。
（2）掌握广义笛卡儿积、一般连接和自然连接的 SQL 实现方法。

4.2 课程内容与语法要点

很多查询操作会涉及多个数据来源。当 SELECT 子句包含来自多个数据源的列时，必须使用多表查询；当 SELECT 子句仅包含单个数据源的列而查询条件涉及来自多个数据源的列时，既可以使用多表查询，也可以使用子查询。本章主要介绍使用 SQL 语句实现多表查询的方法（主要涉及 FROM 子句和 WHERE 子句），包括广义笛卡儿积、一般连接和自然连接。

1. 广义笛卡儿积

两个数据表的广义笛卡儿积可以视为将分别来自两个数据表的两条记录拼接起来形成一条新的记录，所有的拼接记录构成广义笛卡儿积的结果。广义笛卡儿积通常用于生成新的数据记录。其语法格式如下：

```
SELECT 目标列表达式 [ ,...n ] FROM 数据源1, 数据源2
```

说明：如果某个目标列同时存在于两个数据源中，则必须在目标列表达式中指明其数据来源；若 FROM 关键字后用逗号隔开两个以上的数据源且不存在同时涉及两个数据源的查询条件，则该查询的结果是这些数据源的广义笛卡儿积。此时，逗号也可以替换为 CROSS JOIN 关键字，二者是等价的。以下为两个广义笛卡儿积的例子。

```
-- 查询所有学号与所有课程号的广义笛卡儿积
SELECT sno, cno FROM student, course
-- 查询所有男生的学号与所有课程号的广义笛卡儿积
SELECT sno, cno FROM student CROSS JOIN course WHERE ssex=N'男'
```

结果如图4-1所示。可以发现,广义笛卡儿积会产生大量的结果,会影响查询性能,应谨慎使用。

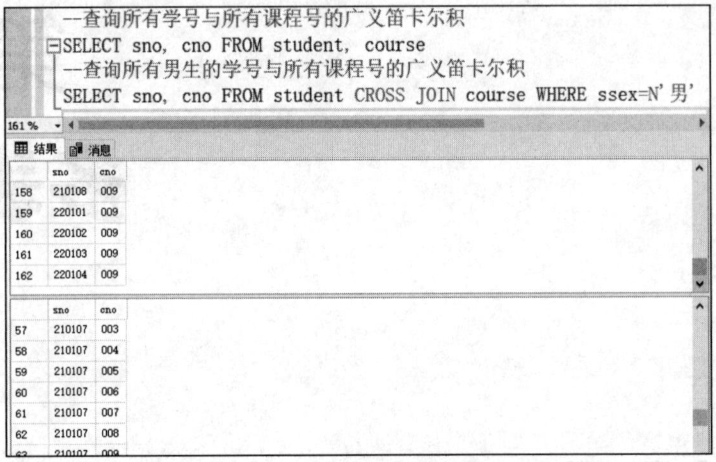

```
--查询所有学号与所有课程号的广义笛卡尔积
SELECT sno, cno FROM student, course
--查询所有男生的学号与所有课程号的广义笛卡尔积
SELECT sno, cno FROM student CROSS JOIN course WHERE ssex=N'男'
```

图 4-1 广义笛卡儿积的结果

上面的例子可以视作分别为下列两个任务准备数据的操作:

(1) 为所有学生选修每一门课。

(2) 为所有男生选修每一门课。

除了常规地求两个不同数据源的广义笛卡儿积之外,在某些特殊情况下还需要求一个数据源与它自己的广义笛卡儿积。以下操作是求 sc 表与它自己的广义笛卡儿积(进一步可用于查询至少选修两门课程的学生的学号)。

```
SELECT sc1.sno, sc1.cno, sc2.sno, sc2.cno FROM sc AS sc1, sc AS sc2
```

结果如图4-2所示。

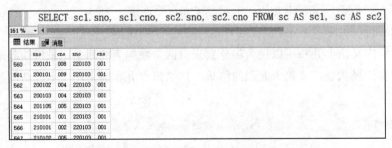

图 4-2 同一个数据源与自己的广义笛卡儿积结果

2. 一般连接

一般连接是在广义笛卡儿积的基础上定义的,即在两个数据源的广义笛卡儿积的基础上施加一个或多个连接条件,以便从广义笛卡儿积的结果中选择符合全部连接条件的记录。其中,每个连接条件必须同时涉及两个数据源。一般连接也可以扩展至三个以上的数据源,由于其可以转化为每次求两个数据源的一般连接,因而不再赘述,仅通过实例来说明这种情况。一般连接的SQL实现有以下两种等价的方式。

1）直接基于广义笛卡儿积的实现

其语法格式如下：

```
SELECT 目标列表达式 [ ,...n ]
FROM 数据源1，数据源2
WHERE 连接条件
```

说明：连接条件必须同时涉及两个数据源。以下为通过此种方式实现一般连接的例子。

```
-- 查询选课学生的学号、姓名、课程号和成绩
SELECT student.sno, sname, cno, grade
FROM student, sc
WHERE student.sno=sc.sno
-- 查询选课学生的学号、姓名、课程名和成绩
SELECT student.sno, sname, cname, grade
FROM student, sc, course
WHERE student.sno=sc.sno AND sc.cno=course.cno
-- 查询至少选修两门课程的学生的学号
SELECT DISTINCT sc1.sno
FROM sc as sc1, sc as sc2
WHERE sc1.sno=sc2.sno AND sc1.cno<>sc2.cno
-- 查询至少选修两门课程的学生的学号和姓名
SELECT DISTINCT sc1.sno, sname
FROM sc as sc1, sc as sc2, student
WHERE sc1.sno=sc2.sno AND sc1.cno<>sc2.cno AND sc1.sno=student.sno
```

查询结果如图4-3所示。请读者根据上述例子实现查询至少选修三门课程的学生的学号。

2）使用 INNER JOIN 关键字实现

其语法格式如下：

```
-- 语法1：两个数据源的一般连接
SELECT 目标列表达式 [ ,...n ]
FROM 数据源1 INNER JOIN 数据源2 ON 连接条件
-- 语法2：三个数据源的一般连接（1）
SELECT 目标列表达式 [ ,...n ]
FROM 数据源1 INNER JOIN 数据源2 ON 连接条件1
              INNER JOIN 数据源3 ON 连接条件2
-- 语法3：三个数据源的一般连接（2）
SELECT 目标列表达式 [ ,...n ]
FROM 数据源1 INNER JOIN 数据源2 INNER JOIN 数据源3
          ON 连接条件2 ON 连接条件1
```

说明：在语法1中，连接条件必须同时涉及数据源1和数据源2；语法2是对语法1的扩展，即每次执行"数据源1 INNER JOIN 数据源2 ON 连接条件1"后，将其结果作为一个新的数据源再与另一

图 4-3 一般连接查询的结果

个数据源进行一般连接,可以扩展到三个以上数据源的一般连接操作;语法3与语法2是等价的,但表现形式不同,它先将参与一般连接的所有数据源用 INNER JOIN 关键字连接起来,然后用多个 ON 关键字指定每次进行一般连接的连接条件,顺序与语法2中多个连接条件的出现顺序正好相反,若该顺序不符合此规定则会报错。由于语法2的结构清晰明了且易于理解,建议在执行三个以上数据源的一般连接时采用语法2。以下为使用 INNER JOIN 关键字实现一般连接的例子。

```
-- 查询选课学生的学号、姓名、课程号和成绩
SELECT student.sno, sname, cno, grade
FROM student INNER JOIN sc ON student.sno=sc.sno
-- 查询选课学生的学号、姓名、课程名和成绩(1)
SELECT student.sno, sname, cname, grade
FROM student INNER JOIN  sc ON student.sno=sc.sno
          INNER JOIN course ON sc.cno=course.cno
-- 查询选课学生的学号、姓名、课程名和成绩(2)
SELECT student.sno, sname, cname, grade
FROM student INNER JOIN  sc INNER JOIN course
          ON sc.cno=course.cno ON student.sno=sc.sno
```

查询结果如图4-4所示。

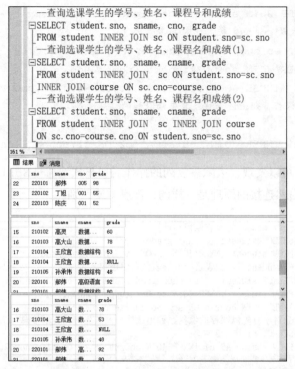

图 4-4 使用 INNER JOIN 的三个一般连接查询的结果

3. 自然连接

自然连接是一种特殊的一般连接。两个数据表能做自然连接的前提条件是它们有同名的列（数据类型也要相容），隐含的连接条件是所有的同名列的值都相等，最后还要通过投影操作去掉结果集中重复的列。

自然连接常用于连接两个具有引用关系的数据表，连接条件是同名的主键（主键表）和外键（外键表）的值相等。但在有些情况下，外键列的名字与对应的主键列的名字是不同的，导致无法严格依照定义执行自然连接。这有可能是微软公司实现的 SQL 不支持专门的自然连接关键字 NATURAL JOIN 的原因。相反，需要使用一般连接配合 SELECT 子句实现自然连接操作，此时无论外键和对应的主键是否同名，都可以依照外键引用关系实现两个表的连接。其语法格式如下：

```
SELECT 不含重复列的目标列表达式
FROM 数据源1 INNER JOIN 数据源2
        ON 数据源1.同名列=数据源2.同名列
```

说明： 当有重复列名时，在 SELECT 子句中必须明确指出该列的来源，否则会报错；当有多个同名列时，在 ON 关键字后要用 AND 连接多个同名列值相等的条件表达式；此处的 INNER JOIN 操作可以替换为广义笛卡儿积并将连接条件置于 WHERE 关键字之后，其效果是一样的。以下为使用 SQL 实现自然连接的例子。

```
--student 表与 sc 表做自然连接
SELECT student.*, cno, grade
```

```
FROM student INNER JOIN sc ON student.sno=sc.sno
--student表、sc表及course表做自然连接
SELECT student.*, sc.cno, grade, cname, credit, pcno
FROM student INNER JOIN sc ON student.sno=sc.sno
                INNER JOIN course ON sc.cno=course.cno
-- 对于有先修课程的课程,列出该课程及其先修课程的信息
SELECT c1.*, c2.*
FROM course AS c1 INNER JOIN course AS c2 ON c1.pcno=c2.cno
```

结果如图4-5所示。可以发现,去除重复列的操作需要显式地通过SELECT子句实现。因此,使用SQL实现一般连接和自然连接的原理是一样的,没有本质区别。

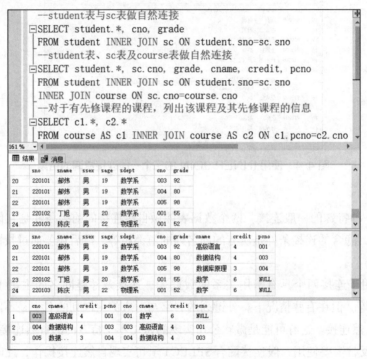

图4-5 三个自然连接查询的结果

4.3 实验内容

编写并执行SELECT语句以完成下列多表查询操作。

(1)查询至少有一门课程成绩在85分以上的学生的学号和姓名。
SQL语句:

```
SELECT DISTINCT student.sno, sname
FROM student, sc
WHERE student.sno=sc.sno AND grade>=85
```

结果如图4-6所示。

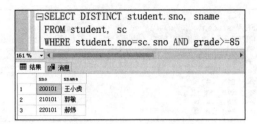

图4-6 步骤（1）查询结果

（2）查询全部学生的学号、姓名、所选课程号、成绩。

SQL语句：

```
SELECT student.sno, sname, cno, grade
FROM student INNER JOIN sc ON student.sno=sc.sno
```

结果如图4-7所示。

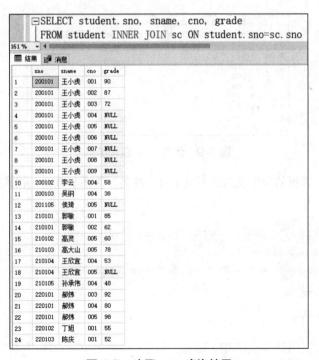

图4-7 步骤（2）查询结果

（3）查询信息工程系和计算机系的成绩在75分以上的学生的学号、姓名、课程名和成绩。

SQL语句：

```
SELECT DISTINCT student.sno, sname, cno, grade
FROM student INNER JOIN sc ON student.sno=sc.sno
WHERE sdept IN (N'信息工程系', N'计算机系') AND grade>=75
```

查询结果如图4-8所示。

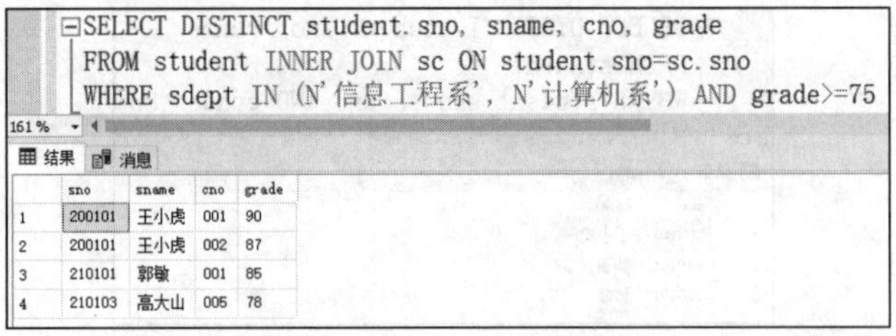
SELECT DISTINCT student.sno, sname, cno, grade
FROM student INNER JOIN sc ON student.sno=sc.sno
WHERE sdept IN (N'信息工程系', N'计算机系') AND grade>=75
161 %
结果 消息
sno sname cno grade
1 200101 王小虎 001 90
2 200101 王小虎 002 87
3 210101 郭敏 001 85
4 210103 高大山 005 78

图4-8 步骤（3）查询结果

（4）查询选修了数据库原理课程的学生的学号和成绩。

SQL语句：

```
SELECT sno, grade FROM sc, course
WHERE sc.cno=course.cno AND cname=N'数据库原理'
```

查询结果如图4-9所示。

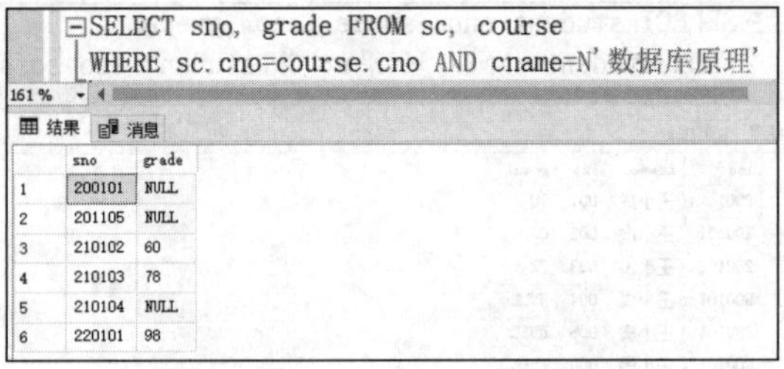
SELECT sno, grade FROM sc, course
WHERE sc.cno=course.cno AND cname=N'数据库原理'
161 %
结果 消息
sno grade
1 200101 NULL
2 201105 NULL
3 210102 60
4 210103 78
5 210104 NULL
6 220101 98

图4-9 步骤（4）查询结果

（5）查询“数学”课程的学生成绩，列出学号、姓名、院系、成绩，按成绩降序排列。

SQL语句：

```
SELECT student.sno, sname, sdept, grade
FROM student, sc, course
WHERE student.sno=sc.sno AND course.cno=sc.cno AND cname=N'数学'
ORDER BY grade DESC
```

查询结果如图4-10所示。

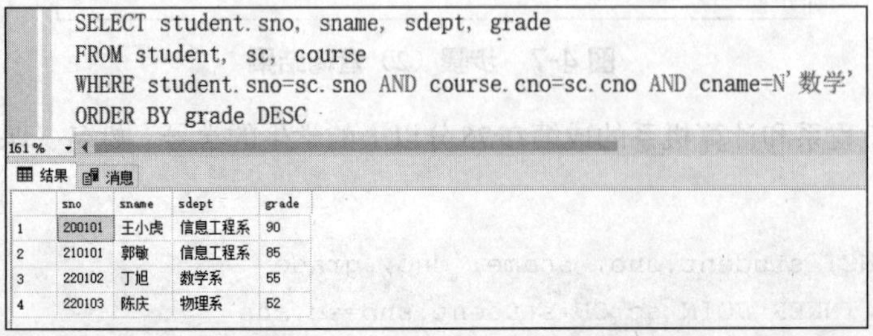
SELECT student.sno, sname, sdept, grade
FROM student, sc, course
WHERE student.sno=sc.sno AND course.cno=sc.cno AND cname=N'数学'
ORDER BY grade DESC
161 %
结果 消息
sno sname sdept grade
1 200101 王小虎 信息工程系 90
2 210101 郭敏 信息工程系 85
3 220102 丁旭 数学系 55
4 220103 陈庆 物理系 52

图4-10 步骤（5）查询结果

（6）查询比王小虎年龄大的学生的姓名和年龄。

SQL 语句：

```
SELECT s1.sname, s1.sage
FROM student AS s1 INNER JOIN student AS s2
            ON s1.sage>s2.sage AND s2.sname=N'王小虎'
```

查询结果如图 4-11 所示。

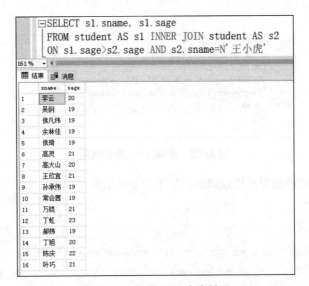

图 4-11　步骤（6）查询结果

（7）查询同时选修了"数据库原理"和"数据结构"课程的学生的学号。

SQL 语句：

```
SELECT sc1.sno
FROM sc AS sc1, sc AS sc2
WHERE sc1.sno=sc2.sno
    AND sc1.cno IN (SELECT cno FROM course WHERE cname=N'数据库原理')
    AND sc2.cno IN (SELECT cno FROM course WHERE cname=N'数据结构')
```

查询结果如图 4-12 所示。

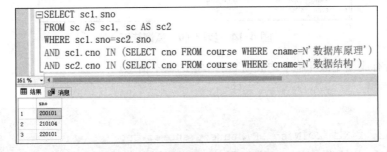

图 4-12　步骤（7）查询结果

（8）查询计算机系学生数据库原理课程的平均成绩。

SQL 语句：

```
SELECT AVG(grade)
FROM student INNER JOIN sc INNER JOIN course
         ON sc.cno=course.cno ON student.sno=sc.sno
WHERE sdept=N'计算机系' AND cname=N'数据库原理'
```

查询结果如图 4-13 所示。

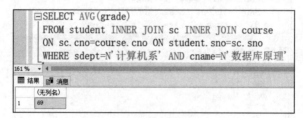

图 4-13　步骤（8）查询结果

（9）查询数学成绩比该课程平均成绩高的学生的基本信息。

SQL 语句：

```
SELECT student.*
FROM student INNER JOIN sc ON student.sno=sc.sno
     INNER JOIN course ON sc.cno=course.cno AND cname=N'数学'
WHERE grade>(SELECT AVG(grade)
         FROM sc, course
         WHERE sc.cno=course.cno and cname=N'数学')
```

查询结果如图 4-14 所示。

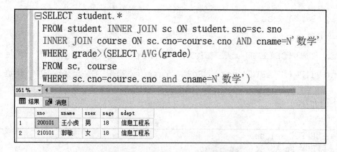

图 4-14　步骤（9）查询结果

（10）查询所有成绩比该课程平均成绩高的学生的基本信息。

SQL 语句：

```
SELECT *
FROM student INNER JOIN sc ON student.sno=sc.sno
WHERE grade>(SELECT AVG(grade) FROM sc AS sc1 WHERE sc1.cno=sc.cno)
```

查询结果如图4-15所示。

图 4-15　步骤（10）查询结果

4.4 设计题

（1）查询数学课程成绩在80分以上的学生的基本信息。
（2）查询王小虎同学所选课程的学号、课程名和成绩。
（3）查询王小虎同学所选课程平均成绩。
（4）查询至少选修了两门课程的学生的学号。

第 5 章 分组查询

5.1 实验目的

（1）掌握使用SELECT语句完成涉及数据分组和统计的查询操作。
（2）掌握GROUP BY子句和HAVING子句的基本语法结构。

5.2 课程内容与语法要点

在实际应用中，很多时候需要对查询结果进行分组并统计相关数据，此时就需要在SELECT语句中加入GROUP BY子句对数据进行分组和统计，必要时还可以在GROUP BY子句后面加入HAVING子句对分组结果进行筛选。

所谓分组，是指按分组依据将数据划分为若干组，然后可以针对每一组进行数据统计。分组依据是通过GROUP BY子句指定的一个列或多个列，在这一列或多列上的值完全相同的行会被划分为同一组。例如，按院系对学生数据进行分组，然后使用COUNT()函数统计每一组的学生人数，即可得到各个院系的学生人数。如果需要对分组统计的结果做进一步筛选，可以用HAVING子句引入筛选条件。例如，仅将学生人数在50人以上的院系名列出。

1. 带分组统计功能的SELECT语句

基本语法结构：

```
SELECT [ ALL | DISTINCT ] [TOP (整数) [PERCENT] ]
       < 目标列表达式 [ [ AS ] 别名 ] > [ ,...n ]
    [ FROM 数据来源表 [ ,...n ] ]
    [ WHERE 查询条件 ]
    [ GROUP BY 分组依据 [ HAVING 分组结果筛选条件 ] ]
    [ ORDER BY 排序规则 ]
```

说明：

（1）分组依据可以包含一个列或多个列，这里的"列"可以是数据源中的列，也可以是基于数据源中已有列的算术表达式或者非聚集函数,但不能出现SELECT子句中定义的列别名(FROM子句中导出表列的别名除外)、聚集函数和子查询。

(2) HAVING子句只能出现在GROUP BY子句后面。

(3) "分组结果筛选条件"与"查询条件"类似,都不能出现别名,但前者支持包含聚集函数的条件表达式,而后者则不支持。

(4) 虽然SQL是一种非过程化的语言,但SELECT语句的处理在逻辑上仍然按照特定的顺序执行,依次是FROM子句、WHERE子句、GROUP BY子句、HAVING子句(前提是有GROUP BY子句)、SELECT子句、DISTINCT子句、ORDER BY子句、TOP子句。

(5) 从(4)可以发现,别名的生效(SELECT子句)要晚于查询条件和分组结果筛选条件的生效,因而在WHERE子句和HAVING子句中不能使用别名。

(6) 类似的,由于数据统计操作(GROUP BY子句)的执行晚于查询条件(WHERE子句)的执行,在WHERE子句中不能使用聚集函数作为查询条件(分组完成后才可以执行统计操作)。

2. GROUP BY子句

GROUP BY子句用于指出分组依据,即根据一个或多个列表达式的值对执行完WHERE子句的数据进行分组。对于列表达式的要求,前面已经介绍过,这里主要分析分组依据中的列表达式和SELECT子句中的列表达式的联系:① SELECT子句中的每一个非聚集函数表达式都必须包含在分组依据中;② 分组依据中的目标列表达式不一定要出现在SELECT子句中。此外,分组查询的SELECT子句中可以出现聚集函数,但这不是必需的。

3. HAVING子句

HAVING子句用于确定将执行GROUP BY子句后生成的哪个组包括在结果集内,实质上是对分组结果的筛选。

注意: 当GROUP BY子句执行完成后,能够继续处理的目标列表达式仅包括分组依据中的目标列表达式和用于统计目的的聚集函数表达式,因而HAVING子句中的筛选条件只能涉及这些目标列表达式,否则会报错。此外,由于列别名此时还未生效,HAVING子句中不能出现SELECT子句中定义的列别名。

4. 分组查询举例

(1) 统计每个院系的学生人数:

```
SELECT sdept, COUNT(sno) AS 学生人数 FROM student GROUP BY sdept
```

统计结果如图5-1所示。分组依据为单个列sdept,即按照sdept列的值对student表中所有行进行分组,然后统计每一个小组的学号列包含数据的个数。需要特别注意的是,SELECT子句中不能出现除sdept以外的非聚集函数目标列表达式。例如,在SELEC子句中加入sname会导致报错(见图5-2),出现这个错误的原因是sname没有出现在分组依据中。

这个错误不太容易理解,可以这样分析:

① 目标中的sdept不是普通的数据列,不是来自某一行数据,而应该视作一个小组的标签,针对的是一整个小组,而COUNT(sno)也是针对一整个小组进行统计,因此sdept和COUNT(sno)都是对应一整个小组,在地位上是对等的。

② 如果在SELECT中加入sname,它没有出现在分组依据中,因此不能对应一整个小组,此时它

与COUNT(sno)是不对等的,导致无法确定sanme的取值,最终引起报错。

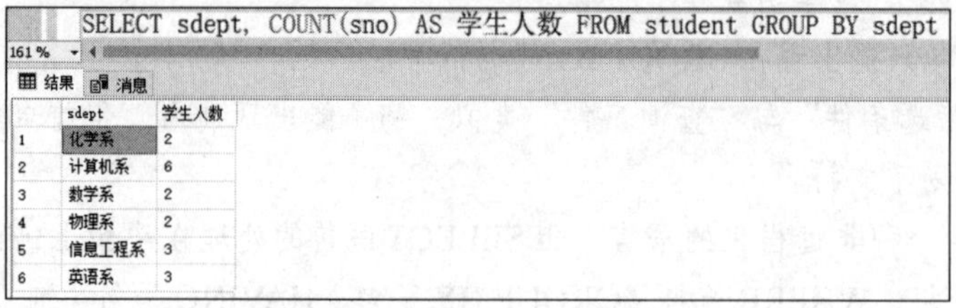

图 5-1　案例(1)结果

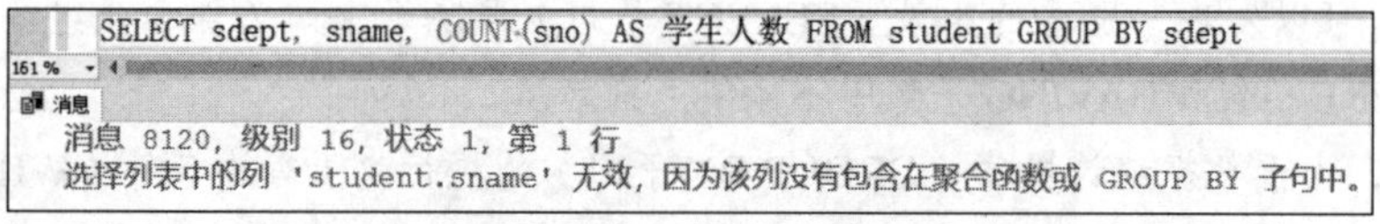

图 5-2　案例(1)错误示例

(2)按出生年份和姓名字数统计学生人数:

```
SELECT year(getdate()-sage) AS 出生年份, len(rtrim(sname)) AS 姓名字数,
       COUNT(sno) AS 学生人数
FROM student GROUP BY year(getdate()-sage), len(rtrim(sname))
```

统计结果如图 5-3 所示。可以发现,分组依据可以包含多个目标列,而且目标列中可以出现算术表达式或者除聚集函数以外的函数。需要指出的是,分组依据中出现聚集函数或者聚集函数会导致出错。图 5-4 中包含两个错误示例,第一个错误是因为执行分组操作时别名还没有生效,第二个错误是 GROUP BY 中不能使用聚集函数,原因是聚集函数在分组操作结束后才开始生效。

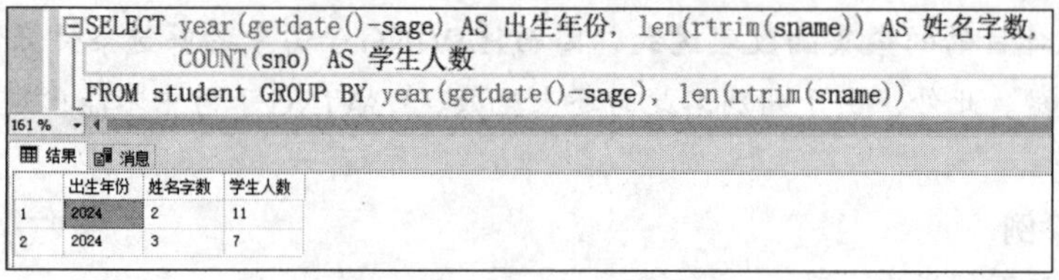

图 5-3　案例(2)统计结果

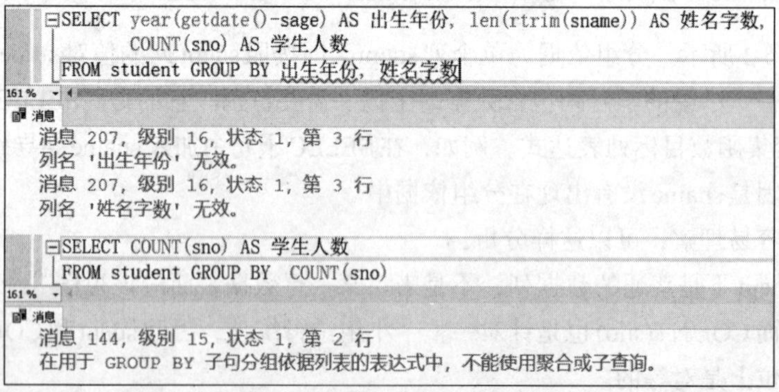

图 5-4　案例(2)错误示例

（3）查询至少选修了两门课的学生的学号。

```
SELECT sno FROM sc GROUP BY sno HAVING count(cno)>1
```

查询结果如图5-5所示，其执行过程是：先对sc表中的所有行根据sno的值进行分组，然后计算每一个小组中课程号列所包含数据的个数。如果这个数据大于1，则保留该小组到结果中，最后提取保留下的小组的标签作为最终结果。通过这个例子还可以发现，目标列中不是必须有聚集函数。

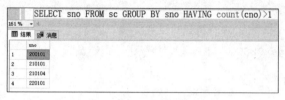

图5-5 案例（3）查询结果

5.3 实验内容

编写并执行SELECT语句以完成下列分组查询操作。

（1）按学号求每个学生所选课程的平均成绩，列出学号和平均成绩。

SQL语句：

```
SELECT sno, AVG(grade) AS 平均成绩 FROM sc GROUP BY sno
```

查询结果如图5-6所示。

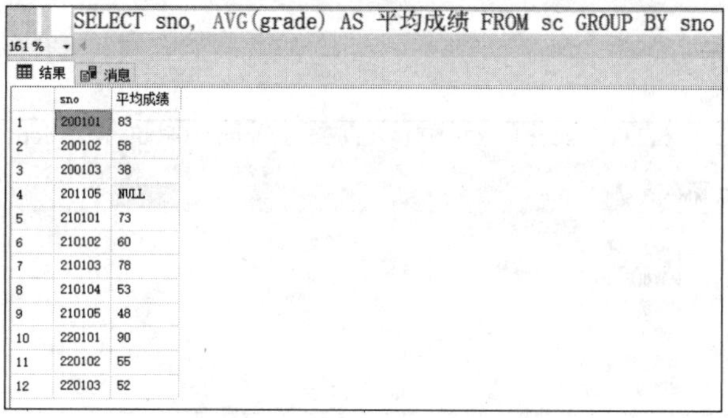

图5-6 步骤（1）查询结果

（2）查询选课人数在3人以上的课程的平均成绩和选课人数，只列出课程号、平均成绩和选课人数。

SQL语句：

```
SELECT cno, AVG(grade) AS 平均成绩, COUNT(sno)
FROM sc
GROUP BY cno HAVING COUNT(sno) >= 3
```

查询结果如图5-7所示。

（3）查询学生关系中女生的每一年龄组中包含超过1人的情况，列出年龄和人数，要求查询结果按人数升序排列，人数相同时按年龄降序排列。

SQL语句：

```
SELECT sage, COUNT(*) AS 人数
FROM student
WHERE ssex = N'女'
GROUP BY sage HAVING COUNT(*)>=2
ORDER BY 人数, sage DESC
```

查询结果如图5-8所示。

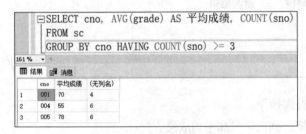

图5-7　步骤（2）查询结果

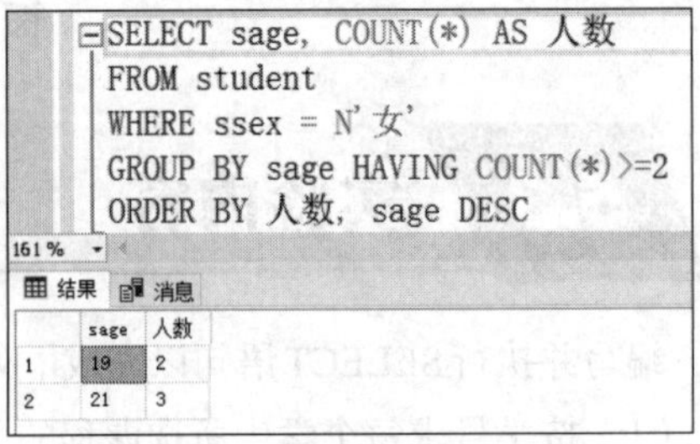

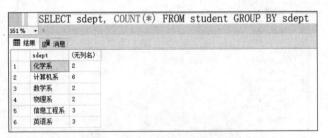

图5-8　步骤（3）查询结果

（4）统计各学院学生的人数，列出院系和人数。

SQL语句：

```
SELECT sdept, COUNT(*) FROM student GROUP BY sdept
```

统计结果如图5-9所示。

图5-9　步骤（4）统计结果

（5）查询平均成绩最高的学生学号。

SQL语句：

```
SELECT sno
FROM sc
GROUP BY sno HAVING AVG(grade)=(SELECT MAX(avg_grade)
    FROM (SELECT AVG(grade) AS avg_grade FROM sc GROUP BY sno) AS TMP)
```

查询结果如图5-10所示。

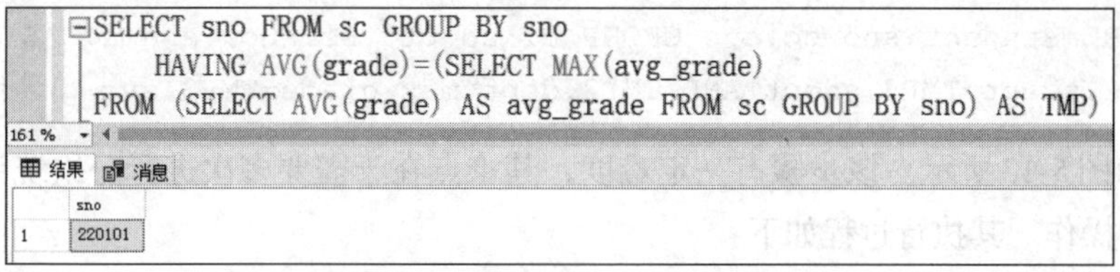

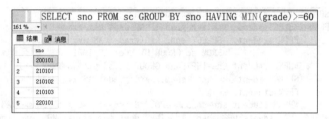

图5-10 步骤（5）查询结果

（6）查询所选课程全部及格的学生的学号。
SQL语句：

```
SELECT sno FROM sc GROUP BY sno HAVING MIN(grade)>=60
```

查询结果如图5-11所示。

图5-11 步骤（6）查询结果

（7）查询每个学生成绩在85分以上的课程门数，列出学号和门数。
SQL语句：

```
SELECT sno, COUNT(cno) FROM sc WHERE grade>85 GROUP BY sno
```

查询结果如图5-12所示。

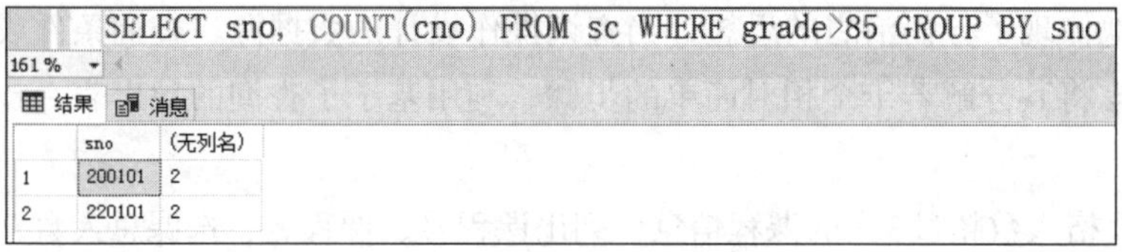

图5-12 步骤（7）查询结果

（8）查询每个院系平均成绩最高的学生，要求显示院系、学号、姓名、平均成绩。
SQL语句：

```
SELECT TMP2.sdept, sno, sname, dept_max_grade
FROM (SELECT sdept, MAX(avg_grade1) AS dept_max_grade
      FROM student, (SELECT sno, AVG(grade) AS avg_grade1
                     FROM sc GROUP BY sno) AS TMP1
      WHERE student.sno=TMP1.sno GROUP BY sdept) AS TMP2,
```

```
        (SELECT sdept, sc.sno, sname, AVG(grade) AS avg_grade2
         FROM student, sc
         WHERE student.sno=sc.sno GROUP BY sdept, sc.sno, sname) AS TMP3
WHERE TMP2.sdept=TMP3.sdept AND TMP2.dept_max_grade=TMP3.avg_grade2
```

查询结果如图 5-13 所示。该步骤有一定难度，其难点在于需要多次进行分组统计，还设计对分组结果进行连接操作。其执行过程如下：

① 统计每个学生的平均成绩，此时不涉及具体的院系。

② 将（1）的结果与 student 表先进行连接运算，然后从连接结果中找出每个院系的最高平均成绩，此时不涉及具体学生。

③ 连接 student 表和 sc 表后，然后依据院系、学号和姓名对连接结果进行分组并统计学生的平均成绩，从而将院系、学号、姓名和平均成绩共计四个信息综合到一起。

④ 连接（2）和（3）的结果，即可完成查询操作。

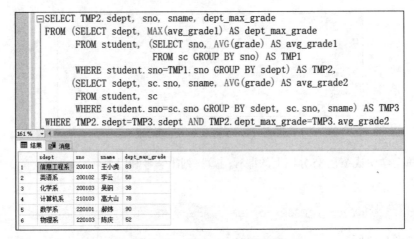

图 5-13　步骤（8）查询结果

该步骤很好地体现了分而治之的思想，当查询操作设计的数据源、查询条件或者数据关联过于复杂时，可以考虑将其分解若干个相对简单的步骤，利用基于子查询的导出表一步一步地完成查询操作。

（9）查询不及格人数超过 3 人的课程信息，列出课程号、课程名、选课总人数、不及格人数。

SQL 语句：

```
SELECT TMP1.cno, cname, all_stu, unp_stu
FROM (SELECT sc.cno, cname, COUNT(sno) AS all_stu
      FROM sc, course
      WHERE sc.cno=course.cno GROUP BY sc.cno, cname) AS TMP1,
     (SELECT cno, COUNT(sno) AS unp_stu
      FROM sc
      WHERE grade<60 GROUP BY cno HAVING COUNT(sno)>3) AS TMP2
WHERE TMP1.cno=TMP2.cno
```

查询结果如图 5-14 所示。有了步骤（8）的经验，当前步骤的查询操作就比较简单了。通过第一个子查询将课程号、课程名和选课总人数综合到一起，通过第二个子查询统计不及格人数超过三人的课程，将这两个中间结果根据课程号进行连接即可完成查询操作。

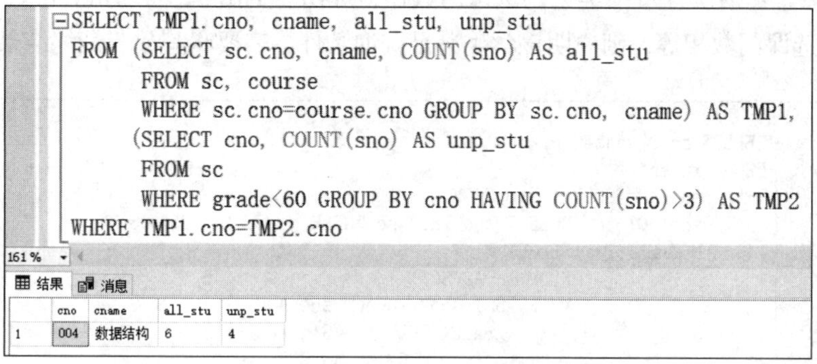

```
SELECT TMP1.cno, cname, all_stu, unp_stu
FROM (SELECT sc.cno, cname, COUNT(sno) AS all_stu
      FROM sc, course
      WHERE sc.cno=course.cno GROUP BY sc.cno, cname) AS TMP1,
     (SELECT cno, COUNT(sno) AS unp_stu
      FROM sc
      WHERE grade<60 GROUP BY cno HAVING COUNT(sno)>3) AS TMP2
WHERE TMP1.cno=TMP2.cno
```

cno	cname	all_stu	unp_stu
004	数据结构	6	4

图 5-14　步骤（9）查询结果

（10）查询所有课程成绩均在课程的平均成绩以上的学生信息，列出学号、姓名。

SQL 语句：

```
-- 方式一
SELECT sno, sname
FROM student
WHERE sno IN (SELECT sno FROM sc) AND
      sno NOT IN (SELECT sno FROM sc WHERE grade IS NULL) AND
      NOT EXISTS (SELECT *
                  FROM sc AS SC1
                  WHERE SC1.sno=student.sno AND
                        grade<(SELECT AVG(grade)
                               FROM sc AS SC2
                               WHERE SC2.cno=SC1.cno))
-- 方式二
SELECT TMP2.sno, sname
FROM (SELECT sc.sno, sname, COUNT(sc.cno) AS c_cnt1
      FROM student, sc, (SELECT cno, AVG(grade) AS avg_grade
                         FROM sc GROUP BY cno) AS TMP1
      WHERE student.sno=sc.sno AND sc.cno=TMP1.cno AND grade>=avg_grade
      GROUP BY sc.sno, sname) AS TMP2,
     (SELECT sc.sno, COUNT(cno) AS c_cnt2
      FROM sc GROUP BY sc.sno) AS TMP3
WHERE TMP2.sno=TMP3.sno AND c_cnt1=c_cnt2
```

查询结果如图 5-15 所示。当前步骤与步骤（8）类似，难点都是无法一次获取所需的数据，必须通过多查询与连接才能得到所需的结果。这里提供了两种实现方式：方式一的特点是使用了 EXISTS；方式二则通过连接导出表来实现查询操作。

方式一的逻辑：student表中参与统计的学生必须选了课且所选的每一门课都有成绩，同时每一门课的成绩都不能低于该课程的平均成绩（通过EXISTS谓词和嵌套的两层子查询实现）。

方式二的逻辑：先将学号、姓名和成绩高于平均成绩的选课门数通过一个子查询综合到一起，作为导出表TMP2，然后统计每个学生的选课门数作为导出表TMP3，将TMP2和TMP3进行连接后，如果来自二者的选课门数相等，则说明该学生满足查询条件，需要将其放入最终结果集。

图5-15 步骤（10）查询结果

5.4 设计题

（1）按学号求每个学生所选课程的平均成绩，只列出平均成绩在80分以上的学号和平均成绩。

（2）求各院系男女生人数，列出院系、性别和人数。

（3）查询至少选修了3门课，且平均成绩在80以上，没有不及格课程的学生，列出学号、姓名。

（4）查询选过课、但没有选修选课人数在3以上的课程的学生，列出学号、姓名、所选修课程的门数。

第 6 章 集合操作

6.1 实验目的

掌握使用 UNION、INTERSECT 和 EXCEPT 三种操作完成特定查询操作的方法。

6.2 课程内容与语法要点

在前面的章节中,学习了笛卡儿积、选择、投影和聚集等关系代数的 SQL 实现,本章将学习并、交、差三种集合运算的 SQL 实现。在特定的查询操作中,使用集合运算可以简化 SQL 语句的编写。例如,在实现"查询没有选修 001 号课程的学生的学号"时,如果使用前面学习的知识,需要联合使用 IN 谓词或者 EXISTS 谓词与子查询,相对比较复杂。如果使用差运算,只需要找出所有学生的学号以及选修了 001 号课程的学生学号,然后利用差运算从所有学生的学号中去掉选修了 001 号课程的学生学号,即可得到所需要的结果,这个过程简单且清晰明了。

与数学定义上的并、交、差一样,它们的 SQL 实现也需要满足以下两点要求:① 参与操作的多个查询的结果集的属性个数一样;② 对应属性的数据类型要兼容(即数据值可以进行比较)。此外,并、交、差的 SQL 实现还要求对应属性在各个子查询结果集中的顺序要一致,以保证最终结果的有效性。此外,这些集合操作均会涉及相同行的判定,因而需要比较列的值,此时两个 NULL 值被视为相等(仅限于这三种集合操作,在其他情况下与 NULL 进行比较的结果是 UNKNOWN)。

1. 并运算

并运算将两个查询的结果连接到一个结果集中。语法格式如下:

```
查询1
UNION [ ALL ]
查询2
```

说明: 如果指定了选项 ALL,两个查询的结果集中的全部行都会纳入最终结果集,包括重复行;如果未指定选项 ALL,则会去掉重复行。

1）UNION 简单示例

查询计算机系的男生和数学系20岁以下男生的学号和姓名。下面分别用UNION操作和常规的SELECT语句实现该查询。

```
-- 使用 UNION 操作
SELECT sno, sname FROM student WHERE sdept=N'计算机系'
UNION
SELECT sno, sname FROM student WHERE sdept=N'数学系' AND sage<=20
-- 常规查询操作
SELECT sno, sname FROM student WHERE sdept=N'计算机系'
                                 OR (sdept=N'数学系' AND sage<=20)
```

注意：如果在常规查询操作中忘记了OR关键字后的括号，查询结果将不符合要求。

查询结果如图6-1所示。可以发现两种查询语句的结果是一样的，但从形式上来看，UNION操作中的查询语句相对简单一些，也更加直观。

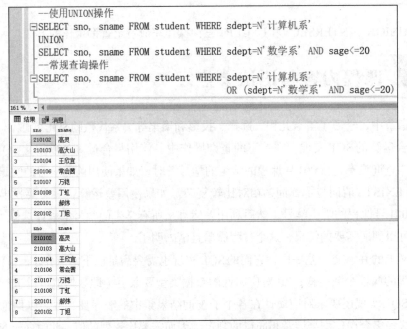

图6-1 UNION 示例查询结果

如果将上面的UNION操作中查询2的目标sno和sname的顺序交换，仍然可以正常执行，但其结果是有问题的，如图6-2所示。最终结果中列名的顺序是以查询1结果中列的顺序为准，查询2的结果直接拼接在最后（第7、8行），系统不会对其语义和数据类型进行检查。但是，从结果来看，"丁旭"和"郝炜"被当作学号，220102和220101则被视为姓名，明显与实际情况不符。因此，在使用SQL集合操作时一定要保证各个查询的目标列顺序是一致的。

接下来，将上面例子中查询2的目标sname去掉，从而验证两个子查询目标列数目不一致时是否会报错。如图6-3所示，错误信息明确提示所有查询的目标列的数目要相同。

SELECT sno, sname FROM student WHERE sdept=N'计算机系'
UNION
SELECT sname, sno FROM student WHERE sdept=N'数学系' AND sage<=20
161 %
结果
消息
sno sname
1 210102 高灵
2 210103 高大山
3 210104 王欣宜
4 210106 常会茜
5 210107 万铠
6 210108 丁虹
7 丁旭 220102
8 郝炜 220101

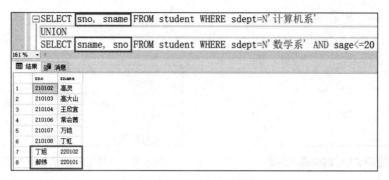

图 6-2 UNION 错误示例 1

SELECT sno, sname FROM student WHERE sdept=N'计算机系'
UNION
SELECT sno FROM student WHERE sdept=N'数学系' AND sage<=20
161 %
消息
消息 205，级别 16，状态 1，第 2 行
使用 UNION、INTERSECT 或 EXCEPT 运算符合并的所有查询必须在其目标列表中有相同数目的表达式。

图 6-3 UNION 错误示例 2

2）ALL选项的作用

查询选修了001号或者002号课程的学生的学号，要求保留重复学号。

```
SELECT sno FROM sc WHERE cno='001'
UNION  ALL
SELECT sno FROM sc WHERE cno='002'
```

查询结果如图6-4所示，结果集中出现了两组重复值，分别是200101和210101，说明这两个学生同时选修了001号课程和002号课程。由于ALL选项的作用，这两个学生的学号在结果集中均出现了两次。

3）UNION结合SELECT INTO语句

查询选修了001号或者002号课程的学生的学号，要求去掉重复学号，同时创建一个名为S1_2的数据表用于容纳并运算的结果集（注意：S1_2事先不存在）。

```
SELECT sno INTO S1_2 FROM sc WHERE cno='001'
UNION
SELECT sno FROM sc WHERE cno='002'
```

查询运行结果如图6-5所示。该操作结合了并运算和SELECT INTO建表，最终将选修了001号课程的学生学号和选修了002号课程的学生学号的并集（不含重复学号，共4条记录）写入新建的S1_2表。

注意：只需要在第一个子查询中使用INTO关键字指定新建的表名即可。

4）对并运算的结果进行排序

查询计算机系的学生所选课程以及全体男生所选课程的并集，列出课程号和课程名，要求结果按课程号降序排列。

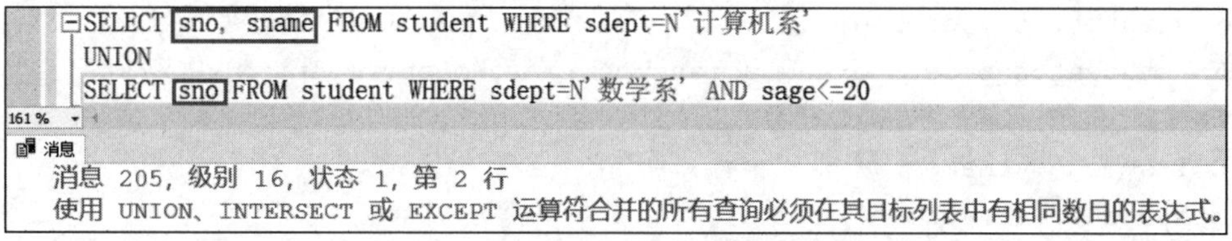

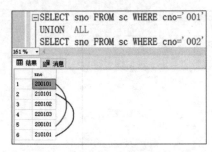

图 6-4 应用 ALL 选项查询结果

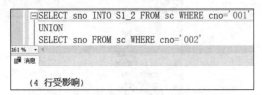

图 6-5 将并运算的结果存入新创建的表

```
SELECT sc.cno, cname
FROM student, sc, course
WHERE student.sno=sc.sno and sc.cno=course.cno and sdept=N'计算机系'
UNION
SELECT sc.cno, cname
FROM student, sc, course
WHERE student.sno=sc.sno and sc.cno=course.cno and ssex=N'男'
ORDER BY sc.cno DESC
```

注意：ORDER BY 必须置于查询2的后面。此外，由于最终的结果使用的是查询1的目标列名，ORDER BY 指定的排序依据必须来自查询1。

排序结果如图6-6所示，可以看到结果确实是按照课程号降序排列的。

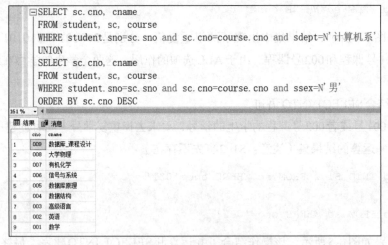

图 6-6 对并运算的结果排序

5）使用UNION实现三个查询结果的并集

查询计算机系选了001号课程和数据库原理课程的学生，列出学生的学号和姓名，在结果集中去掉重复行。

```
SELECT sno, sname FROM student
WHERE sdept=N'计算机系'
```

```
UNION
SELECT sno, sname FROM student
WHERE sno IN (SELECT sno FROM sc WHERE cno='001')
UNION
SELECT student.sno, sname FROM student, sc, course
WHERE student.sno=sc.sno and sc.cno=course.cno and cname=N'数据库原理'
```

去掉重复行后结果如图6-7所示。该查询的执行顺序是自上而下，即先计算前两个查询结果的并集，再与第三个查询结果做第二次并运算。若有需要，可以使用括号改变顺序。只要满足执行UNION操作的条件，即可实现三个以上查询结果的并集。

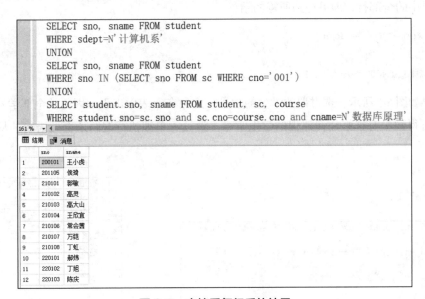

图6-7 去掉重复行后的结果

2. 交运算与差运算

交运算返回两个子查询结果都包含的非重复行，差运算返回仅在子查询1的结果中出现的非重复行（在子查询2的结果中不出现）。语法格式如下：

```
查询1
[INTERSECT | EXCEPT]
查询2
```

其中，INTERSECT表示交运算，EXCEPT表示差运算。在并运算和差运算中，交换查询1和查询2的顺序对结果没有影响。差运算则不同，改变两个子查询的顺序会导致结果发生变化。除此之外，三种集合运算的结果均采用查询1的目标列名作为最终结果集的列名；将运算结果使用SELECT INTO语句写入新建表，以及对最终结果进行排序的处理方式都是一样的，因而在此不再举例说明。

1）INTERSECT简单示例

查询计算机系男生的学号和姓名。当查询要求同时满足多个条件时，可以先分别找出满足单个条件的数据，然后让这些中间结果做并运算即可。

```
SELECT sno, sname FROM student WHERE sdept=N'计算机系'
INTERSECT
SELECT sno, sname FROM student WHERE ssex=N'男'
```

如图6-8所示,同时满足"属于计算机系"和"性别为男"两个条件的学生一共有两名。请读者单独执行这两条查询语句,从而验证结果是否正确。

2)EXCEPT简单示例

查询没有选修任何课程的学生学号。当查询要求属于否定表达时(查询条件包含"没有""不"等否定词),可以先找出全体数据,然后去掉否定词并执行查询,最后利用差运算从全体数据中去掉这个查询结果中的全部行,即可得到所需的结果。

```
SELECT sno FROM student
EXCEPT
SELECT DISTINCT sno FROM sc
```

执行结果如图6-9所示。选过课的学生的学号一定会在sc表中出现,因而从全部学号中去掉选过课的学号即可得到没有选修任何课程的学生学号。请读者单独执行这两条查询语句,从而验证结果是否正确。

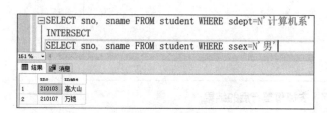

图6-8 INTERSECT 示例结果

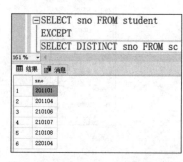

图6-9 EXCEPT 示例执行结果

6.3 实验内容

编写并执行SELECT语句以完成下列操作:

(1)查询选修了数据库原理或者数据结构的学生的学号和姓名,要求保留重复值。

SQL语句:

```
SELECT sc.sno, sname FROM student, sc, course
WHERE student.sno=sc.sno AND sc.cno=course.cno AND cname=N'数据库原理'
UNION ALL
SELECT sno, sname FROM student
WHERE sno IN (SELECT sno FROM sc
    WHERE cno IN (SELECT cno FROM course WHERE cname=N'数据结构'))
```

查询结果如图6-10所示，可以发现王小虎、王欣宜和郝炜三位同学在结果中出现了两次，说明他们同时选修了数据库原理和数据结构两门课。

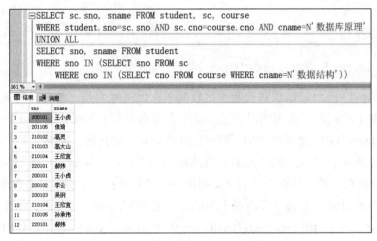

图6-10 步骤（1）查询结果

（2）查询英语系的学生和英语成绩在60分以上的学生学号，结果按学号降序排列。

SQL语句：

```
SELECT sno FROM student WHERE sdept=N'英语系'
UNION
SELECT sno FROM sc, course WHERE sc.cno=course.cno
            AND grade>=60 AND cname=N'英语'
ORDER BY sno DESC
```

查询结果如图6-11所示。

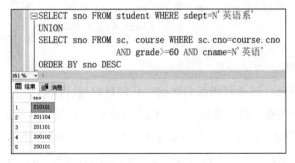

图6-11 步骤（2）查询结果

（3）查询来自数学系且有成绩在90分以上的男生的学号。

SQL语句：

```
SELECT sno FROM student WHERE sdept=N'数学系' AND ssex=N'男'
INTERSECT
SELECT sno FROM sc WHERE grade>=90
```

查询结果如图 6-12 所示。

（4）查询同时选修了 001 和 002 两门课程的学生学号。

SQL 语句：

```
SELECT sno FROM sc WHERE cno='001'
INTERSECT
SELECT sno FROM sc WHERE cno='002'
```

查询结果如图 6-13 所示。该步骤看起来比较简单，但实际上是一种比较特殊的查询。它对同一个属性提出了两个不同的、必须同时满足的要求，很容易写出 SELECT sno FROM sc WHERE cno='001' AND cno='002' 这样的语句。但是，这条语句是错误的，因为对于一条选课记录而言，其课程号不可能既是 001，又是 002。此时，有两种处理方式：一是如本步骤的 SQL 所示，先找出只满足一个条件的结果，然后计算它们的交集即可，比较简单；二是将第二个要求转化为对其他属性的要求，从而避免对同一个属性提出两个不同的、必须同时满足的要求，本步骤的语句可以是 SELECT sno FROM sc WHERE cno='001' AND sno IN (SELECT sno FROM sc WHERE cno='002')，相对复杂一点。

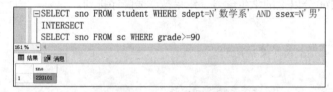

图 6-12　步骤（3）查询结果

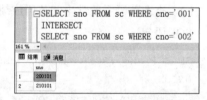

图 6-13　步骤（4）查询结果

（5）在选过课的学生中，查询来自信息院的、没有成绩不及格的学生学号。

SQL 语句：

```
SELECT sc.sno FROM student, sc WHERE student.sno=sc.sno
                    AND sdept=N'信息工程系'
EXCEPT
SELECT sno FROM sc where grade<60
```

查询结果如图 6-14 所示。该步骤所需的数据是从信息院选过课的学生中找出没有低于 60 分成绩的学生。"没有低于 60 分成绩"的含义是：所选的全部课程的成绩没有低于 60 分（成绩要么高于 60 分，要么为空）。该步骤看起来简单，但很容易写成 SELECT sc.sno FROM student, sc WHERE student.sno=sc.sno AND sdept=N'信息工程系' AND grade>=60 这样的错误语句，需要特别注意。

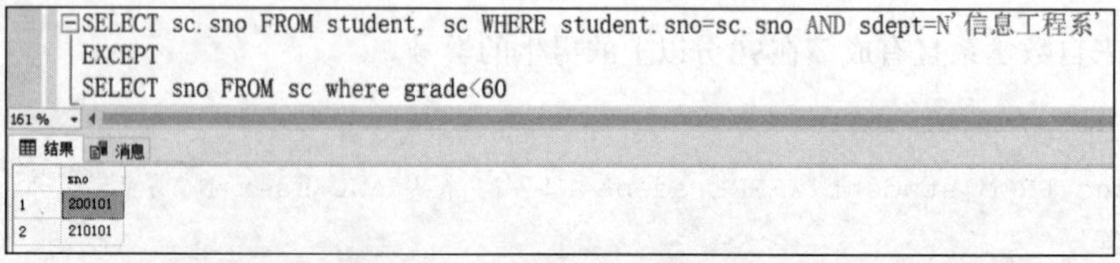

图 6-14　步骤（5）查询结果

（6）查询计算机系的学生没有选修的课程号，结果按降序排列。

SQL 语句：

```
SELECT cno FROM course
EXCEPT
SELECT cno FROM student, sc WHERE student.sno=sc.sno
                        AND sdept=N'计算机系'
ORDER BY cno DESC
```

查询结果如图 6-15 所示。

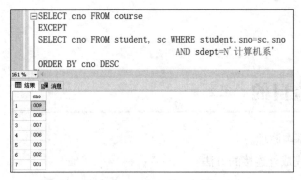

图 6-15　步骤（6）查询结果

6.4 设计题

（1）使用并运算查询数据库成绩小于 70 分或数学成绩大于 90 分的学生的学号。

（2）使用交运算查询至少有一门课程成绩在 80 以上的女生的学号。

（3）使用差运算查询没有选修 003 号课程的学生学号。

第 7 章 外连接

7.1 实验目的

（1）掌握外连接的基本原理。
（2）掌握使用SQL完成外连接的方法。

7.2 课程内容与语法要点

在第4章，学习了使用CROSS JOIN实现交叉连接（广义笛卡儿积）、使用INNER JOIN实现内连接（一般连接），本章将继续学习第三种连接操作，即外连接。不同于自然连接（一种特殊的一般连接）只考虑满足连接条件的记录，外连接是一种特殊的连接操作，它额外考虑参与自然连接的两个表中因不符合连接条件而被舍弃的那些记录。外连接的基本逻辑是：先对两个表做自然连接，然后根据外连接的类型，将那些原本应该舍弃的记录的全部或部分保留到自然连接的结果集，最后将这些被保留下来的记录中没有值的列填上NULL。可见，外连接是在自然连接的基础上额外保留一些不符合连接条件的记录。

外连接有三种类型：① 左外连接，仅额外保留运算符左侧表中原本应该被舍弃的记录；② 右外连接，仅额外保留运算符右侧表中原本应该被舍弃的记录；③ 全外连接，额外保留所有原本应该被舍弃的记录。

1. 左外连接

左外连接的特点是保留运算符左侧表中的全部信息，以及运算符右侧表中符合连接条件的数据。对于运算符左侧表中不符合连接条件的记录，在没有值的列上取空值。其语法格式如下：

```
SELECT 目标列表达式 [ ,...n ]
FROM 表1 LEFT [OUTER] JOIN 表2
ON 连接条件
```

说明：OUTER关键字可以省略。

例如：查询所有女生的选课情况，列出学号、姓名和课程号，要求保留没有选修任何课程的学生信息。

```
SELECT student.sno, sname, cno
FROM student LEFT OUTER JOIN sc ON student.sno=sc.sno
WHERE ssex=N'女'
```

查询结果如图 7-1 所示。结果中包含了数据库中全部 8 名女生的信息，但涉及的课程则仅有全部 9 门课程中的 001、002、004 和 005 四门。由于此处是左外连接且其他 5 门课程没有被任何女生选修，因而它们没有出现在结果中。

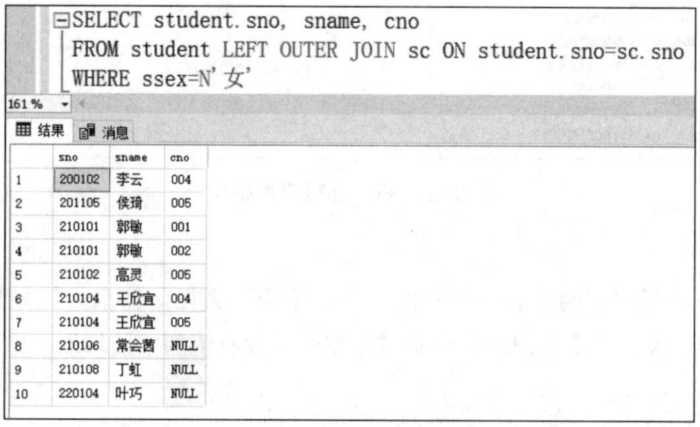

图 7-1　左外连接查询结果

2. 右外连接

与左外连接恰好相反，右外连接的特点是保留运算符右侧表中的全部信息，以及运算符左侧表中符合连接条件的数据。对于运算符右侧表中不符合连接条件的记录，在没有值的列上取空值。其语法格式如下：

```
SELECT 目标列表达式 [ ,...n ]
FROM 表1 RIGHT [OUTER] JOIN 表2
ON 连接条件
```

说明： OUTER 关键字可以省略。

例如：查询所有课程被女生选修的情况，列出学号、课程号和课程名，要求保留没有被任何女生选修的课程信息。

```
SELECT sno, course.cno, cname
FROM (SELECT * FROM sc
    WHERE sno in (SELECT sno FROM student WHERE ssex=N'女')) as T1
  RIGHT OUTER JOIN course ON T1.cno=course.cno
```

查询结果如图 7-2 所示。结果中包含了全部 9 门课程的信息，其中有 5 门对应的学号为空值，说明这 5 门课程没有女生选修，而学号列中仅出现了全部 8 名女生中的 5 个。由于此处是右外连接，因而仅额外保留运算符右侧course表中不符合连接条件的5门课程信息。

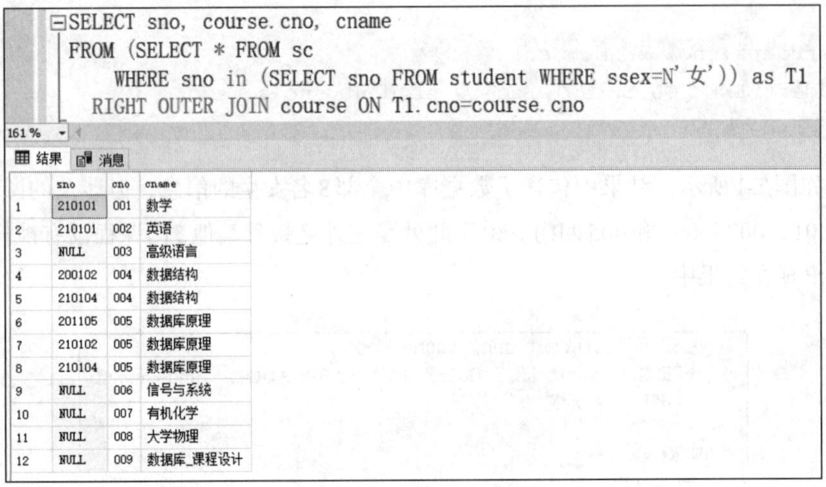

```
SELECT sno, course.cno, cname
FROM (SELECT * FROM sc
    WHERE sno in (SELECT sno FROM student WHERE ssex=N'女')) as T1
    RIGHT OUTER JOIN course ON T1.cno=course.cno
```

	sno	cno	cname
1	210101	001	数学
2	210101	002	英语
3	NULL	003	高级语言
4	200102	004	数据结构
5	210104	004	数据结构
6	201105	005	数据库原理
7	210102	005	数据库原理
8	210104	005	数据库原理
9	NULL	006	信号与系统
10	NULL	007	有机化学
11	NULL	008	大学物理
12	NULL	009	数据库_课程设计

图 7-2　右外连接查询结果

3. 全外连接

全外连接的特点是保留了两个表中所有的记录，不会丢失任何信息。如果某一侧表中的记录在对侧表中没有匹配的记录，仍将该记录保留到结果集中，没有值的字段均取空值。其语法格式如下：

```
SELECT 目标列表达式 [ ,...n ]
FROM 表1 FULL [OUTER] JOIN 表2
ON 连接条件
```

说明：OUTER关键字可以省略。

例如：查询全体女生的选课情况，列出学号、姓名、课程号和课程名，要求结果保留没有选课的女生信息以及没有女生选修课程的信息。

```
SELECT sno, sname, course.cno, cname
FROM (SELECT student.sno, sname, cno
    FROM student LEFT OUTER JOIN sc ON student.sno=sc.sno
    WHERE ssex=N'女') as T1
    FULL OUTER JOIN course ON T1.cno=course.cno
```

在上面的代码中，先利用student表和sc表的左外连接找出所有学生的选课情况（包含没有选修任何课程的学生），然后将前面的结果作为导出表（T1）与course表做全外连接。此时，T1表中没有选修任何课程的学生在course表中没有可以匹配的课程，course表中没有被任何学生选修的课程在T1表中也没有可以匹配的记录。但因为全外连接的缘故，这些没有选修任何课程的学生以及没有被任何学生选修的课程均会出现在最终的结果集中。

查询结果如图7-3所示。在结果集中可以发现：① 第1~7行是符合连接条件的行，包含5名女生及其所选课程的信息；② 第8~10行的课程号与课程名均为NULL，说明这三名女生没有选修任何课程；③ 第11~15行的学号和姓名均为NULL，说明这5门课程没有被任何女生选修。

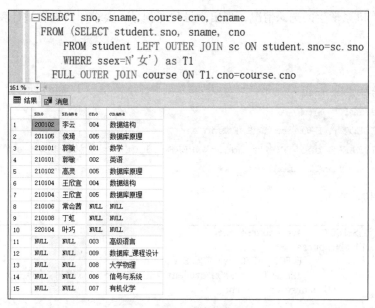

图 7-3　全外连接查询结果

7.3　实验内容

使用外连接编写并执行 SELECT 语句以完成下列查询操作。

（1）查询计算机系全体学生的选课情况，列出学号和课程号，要求结果保留计算机系没有选课的学生学号。

SQL 语句：

```
SELECT student.sno, cno
FROM student LEFT JOIN sc ON student.sno=sc.sno
WHERE sdept='计算机系'
```

查询结果如图 7-4 所示。

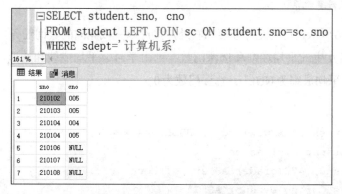

图 7-4　步骤（1）查询结果

（2）查询计算机系学生的选课情况，列出学号和课程号，要求保留没有被计算机系学生选修的课程信息。

SQL 语句：

```
SELECT T1.sno, course.cno
FROM course LEFT JOIN
     (SELECT * FROM sc WHERE sno in
        (SELECT sno FROM student WHERE sdept='计算机系')) as T1
  ON course.cno=T1.cno
```

查询结果如图 7-5 所示。

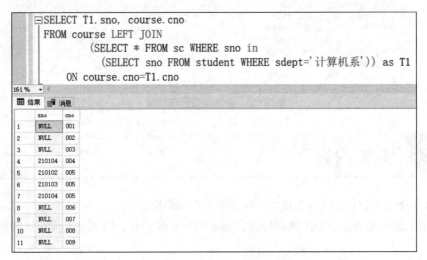

图 7-5　步骤（2）查询结果

（3）使用右外连接完成步骤（1）的操作。

SQL 语句：

```
SELECT student.sno, cno
FROM sc RIGHT JOIN student ON sc.sno=student.sno
WHERE sdept='计算机系'
```

查询结果如图 7-6 所示，可见左外连接和右外连接可以完成相同的查询任务。

（4）查询每一名女生的平均成绩和选课门数，列出学号、平均成绩和选课门数。对于没有选修任何课程的女生，其平均成绩为 NULL，选课门数为 0。

SQL 语句：

```
SELECT student.sno, ISNULL(avg_g, NULL) as avg_g,
       ISNULL(cnt_c,0) as cnt_c
FROM (SELECT sno, AVG(grade) AS avg_g, count(cno) AS cnt_c
      FROM sc group by sno) AS T1
```

```
    RIGHT JOIN student ON T1.sno=student.sno
WHERE ssex=N'女'
```

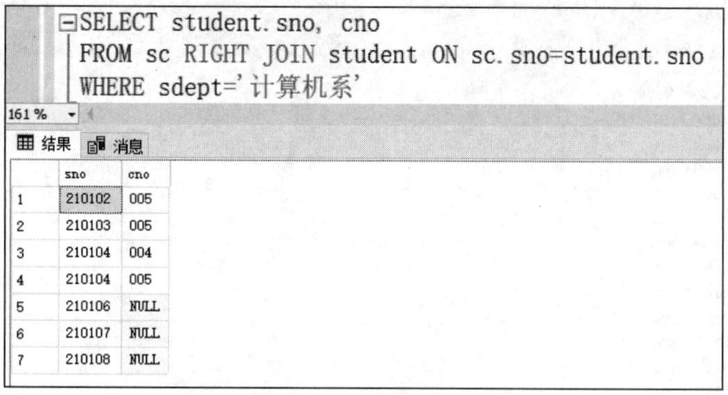

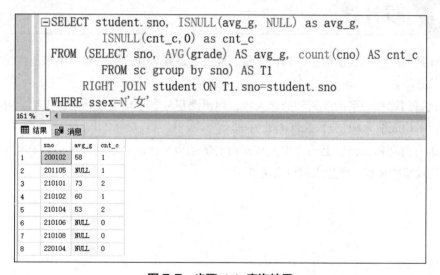

图 7-6　步骤（3）查询结果

ISNULL()函数的功能是：如果参数1指定的目标列表达式的值为空，则为其设置参数2指定的值。查询结果如图7-7所示。

图 7-7　步骤（4）查询结果

（5）查询计算机系学生的选课情况，列出学号和课程号，要求结果保留没有选修任何课程的计算机系学生信息以及没有被计算机系学生选修的课程信息。

SQL语句：

```
SELECT T1.sno, course.cno
FROM (SELECT student.sno, cno FROM student LEFT JOIN sc
         ON student.sno=sc.sno WHERE sdept='计算机系') AS T1
    FULL JOIN course ON T1.cno=course.cno
```

查询结果如图7-8所示。

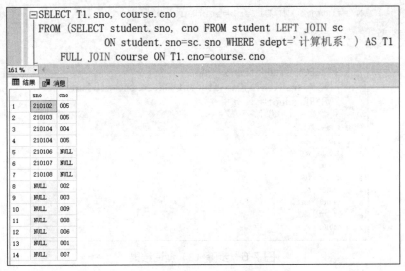

图 7-8　步骤（5）查询结果

7.4　设计题

（1）查询所有学生的成绩信息，列出学号、姓名、课程名和成绩，要求结果包括没有选修任何课程的学生信息。

（2）查询每门课程的平均成绩和选课人数，列出课程号、平均成绩和选课人数，对于没有学生选修的课程，平均成绩为 NULL，选课人数为 0。

（3）查询各门课程及格以上的学生人数，列出学号和及格以上学生人数，对于没有学生选修或选课学生都不及格的课程，学生人数设置为 0。

第 8 章 视图

8.1 实验目的

（1）掌握使用命令语句创建视图。
（2）了解使用图形界面的视图设计器创建视图。
（3）掌握对视图的查询和更新。

8.2 课程内容与语法要点

视图是由一个或几个基本表或其他视图导出来的"虚表"，其内容由一个查询定义。与通过 CREATE TABLE 命令创建的基本表一样，视图包含若干个带有名称的列和行数据。但是，视图不是一个实际存在的表，它没有与之直接对应的物理数据。在数据库中实际存储的是视图的定义，其核心是一条查询语句。在使用视图时，根据视图的定义将数据操作转换为对基本表的操作，这个过程称为视图消解。

基于上述定义，视图可以看作是一个查询的结果集，对视图的操作是对这个结果集中数据的操作。在查询操作中，视图可以与基本表一样作为数据源。在更新操作中，对于视图的更新则有较多限制，许多视图是不能更新的（例如，基于多表查询的视图和基于分组查询的视图），明确可以更新的视图是行列子集视图（从单个基本表导出来，并且只是去掉了基本表的某些行和某些列，但保留了主码的视图）。

视图在数据库技术中扮演着重要的角色，提供了许多实用的功能和优势，其主要作用包括：

（1）简化数据操作：将复杂的查询操作定义为视图，以后需要这些数据时直接查询视图即可，而不必再次编写复杂的查询语句。

（2）定制数据显示：可以根据用户的特定需求建立对应的视图，从而提供特定视角下的数据。

（3）提供一定程度的逻辑独立性：当数据库的基本表结构发生变化时，可以通过修改视图的定义来保证应用程序的正常运行，即将变化限制在数据库内部，而不需要修改应用程序。

（4）提供额外的安全性控制：可以通过视图限制用户对基础数据的访问，只显示他们被授权查看的数据。

1. 创建视图

创建视图的语法格式如下：

```
CREATE [ OR ALTER ] VIEW 视图名 [ (列名 [ ,...n ] ) ]
[ WITH 选项 [ ,...n ] ]
AS 查询语句
[ WITH CHECK OPTION ]
```

说明：① 视图的内容取决于查询语句的运行结果；② 如果对查询结果中的列名不满意，可以在视图名后对其重命名，也可以在查询语句中通过取别名的方式实现重命名；③ 查询语句中不能使用INTO关键字创建表；④ 创建视图前需要确定视图名没有被使用，否则可能创建失败；⑤ 创建视图的语句必须是一个批处理中仅有的语句。

1）OR ALTER

OR ALTER用于处理视图名指定的视图已经存在的情况。下面对两种情况进行分析：

（1）指定名称的视图已经存在。此时，直接使用"CREATE VIEW 视图名……"创建视图会失败。如图8-1所示，第一个批处理执行成功，创建了一个名为test_view的视图；第二个批处理视图创建一个同名但内容不同的视图时报错，提示名为test_view的对象已经存在。

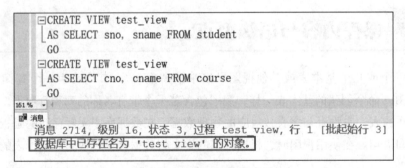

图8-1 创建同名视图时出错

为了避免出现上述错误，可以使用"CREATE OR ALTER VIEW 视图名……"创建视图。加上OR ALTER的作用是：当已经存在同名的视图时，先将其删除再执行创建视图的命令。如图8-2所示，第一个批处理成功地创建了一个名为test_view_1的视图；第二个批处理使用CREATE OR ALTER创建同名视图时没有出错。为了验证上述过程的正确性，可以在图形界面的视图设计器中打开该视图。该视图是由第二个批处理创建，如图8-3所示。

（2）不存在指定名称的视图。此时，无论是使用"CREATE VIEW 视图名 …"，还是使用"CREATE OR ALTER VIEW 视图名 …"创建视图，都不会出错，因为在这种情况下OR ALTER不起作用。

2）给视图的列重命名

由于视图需要供其他查询操作或更新操作使用，视图中的每一列都要有一个名称。通常直接使用查询语句中的目标列名作为名称，但出于某些原因（例如，目标列名不合适，它是一个算术表达式、函数调用或子查询等）需要给视图中的列一个不同的名称，即给视图中的列重命名。可以通过以下两种方式给视图的列重命名。

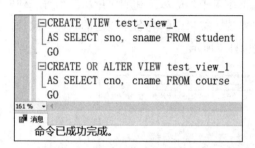

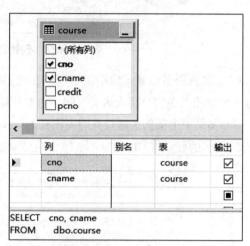

图 8-2 使用 CREATE OR ALTER 创建同名视图　　图 8-3 在视图设计器中打开 test_view_1 视图

（1）在查询语句中取别名。在视图定义的查询语句中，利用 AS 关键字给 SELECT 子句中目标列取别名即可改变视图中列的名称。图 8-4 是一个案例，先创建一个名为 test_view_2 的视图，在其查询语句中将 sname 列重命名为 stuName、计算出生年份的表达式 year(getdate())-sage 取名为 birthYear。然后查询该视图，查询结果显示这两个命名操作均生效了。如果不给表达式 year(getdate())-sage 取名，则会报错，如图 8-5 所示。

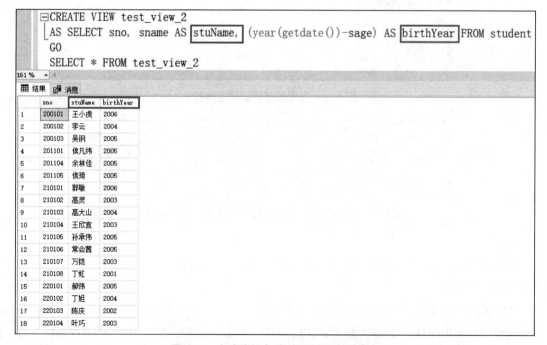

图 8-4 在查询语句中给视图的列重命名

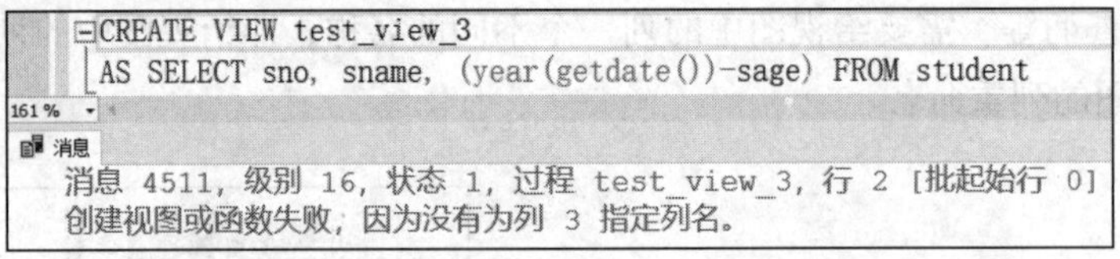

```
CREATE VIEW test_view_3
AS SELECT sno, sname, (year(getdate())-sage) FROM student
```
消息 4511, 级别 16, 状态 1, 过程 test_view_3, 行 2 [批起始行 0]
创建视图或函数失败, 因为没有为列 3 指定列名。

图 8-5　不指定视图的列名会导致错误

（2）在视图名后显式地指定列名。在视图定义中，可以在视图名后面显式地给出列的别名。与第3章中导出的表和公用表达式一样，需要严格按照查询结果中列的数量和顺序依次给出每一列的名称。图8-6是一个案例，通过查询视图test_view_3可以发现，结果中的列名是指定的名称。此外，如果指定列名的数量与列的数量不一致，会导致报错，如图8-7所示。

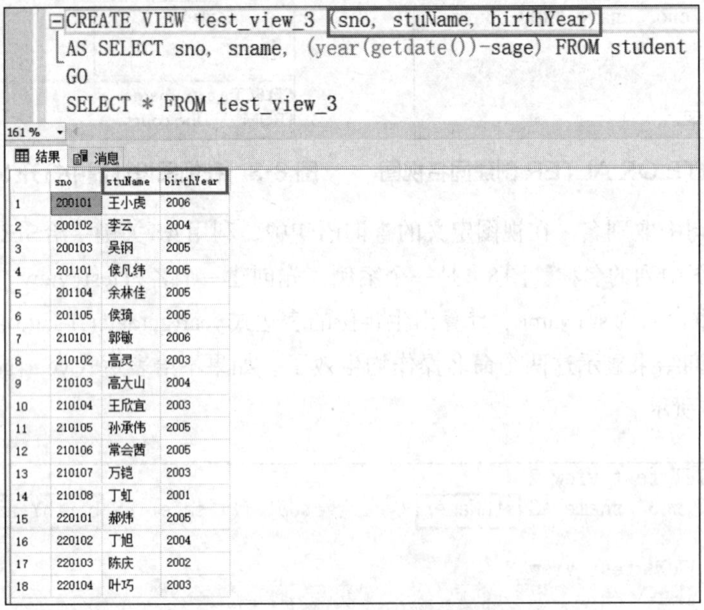

```
CREATE VIEW test_view_3 (sno, stuName, birthYear)
AS SELECT sno, sname, (year(getdate())-sage) FROM student
GO
SELECT * FROM test_view_3
```

	sno	stuName	birthYear
1	200101	王小虎	2006
2	200102	李云	2004
3	200103	吴钢	2005
4	201101	侯凡纬	2005
5	201104	余林佳	2005
6	201105	侯琦	2005
7	210101	郭敏	2006
8	210102	高灵	2003
9	210103	高大山	2004
10	210104	王欣宜	2003
11	210105	孙承伟	2005
12	210106	常会茜	2005
13	210107	万铠	2003
14	210108	丁虹	2001
15	220101	郝炜	2005
16	220102	丁旭	2004
17	220103	陈庆	2002
18	220104	叶巧	2003

图 8-6　在视图名后面指定列名

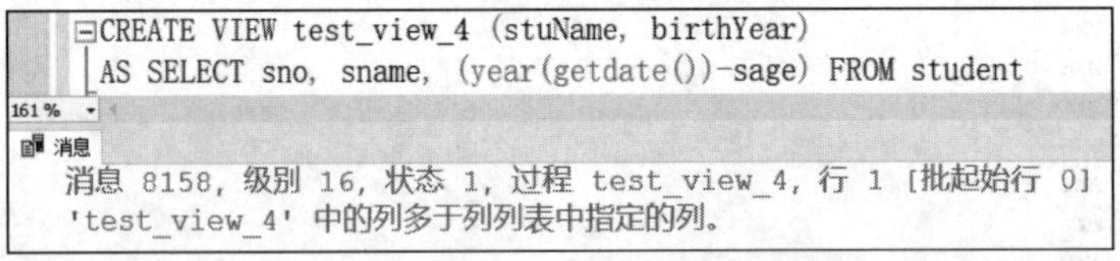

```
CREATE VIEW test_view_4 (stuName, birthYear)
AS SELECT sno, sname, (year(getdate())-sage) FROM student
```
消息 8158, 级别 16, 状态 1, 过程 test_view_4, 行 1 [批起始行 0]
'test_view_4' 中的列多于列列表中指定的列。

图 8-7　指定列名的数量与列的数量不一致会报错

3）选项

在AS关键字之前，可以通过WITH关键字设置三种选项（可以独立使用，也可以组合使用）来改变视图的一些特性。

（1）ENCRYPTION选项：一般情况下，视图的文本定义以明文的形式存储于sys.syscomments系统表中，使用ENCRYPTION选项可以对视图的文本定义进行加密存储。加密后的视图可以执行，但不能查看其定义，这对于保护敏感或专有的视图有重要意义。

对于未加密的视图，可以通过系统存储过程 sp_helptext 来查看其定义，如图 8-8 所示。如果对视图 test_view_3 进行加密，则无法查看其定义，如图 8-9 所示。

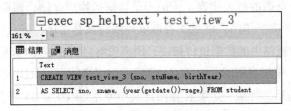

图 8-8　查看未加密视图的定义

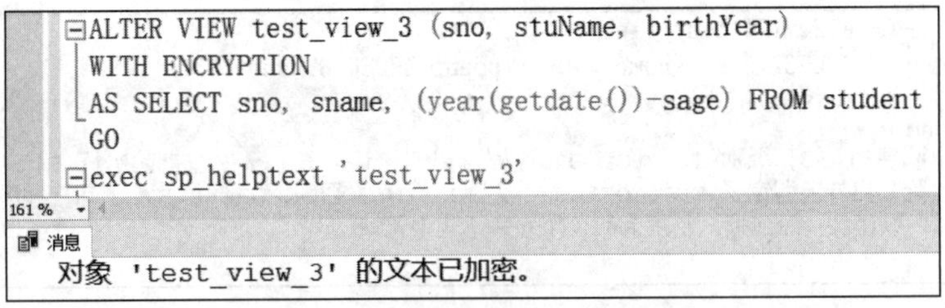

图 8-9　无法查看加密视图的定义

（2）SCHEMABINDING 选项：该选项用于确保视图与其所引用的基本表或其他视图之间的稳定性。如果定义视图时指定了 SCHEMABINDING 选项，则不能按照影响视图定义的方式修改基本表或其他视图。此外，使用该选项时要注意两点：一是查询语句中的表或者其他视图必须指定架构名称；二是视图不能引用自己，虽然不可能直接引用自己，但可能出现间接引用，例如视图引用了另一个视图，而那个视图又引用了原始视图。如果违背了上述两个原则，DBMS 会提示"无法将视图绑定到架构"的错误信息。

如图 8-10 所示，在 student 表的基础上，先使用 SCHEMABINDING 选项定义一个包含 sno 列和 sname 列的视图，然后尝试删除 student 基本表中的 sname 列。由于 SCHEMABINDING 选项的缘故，删除姓名列失败。

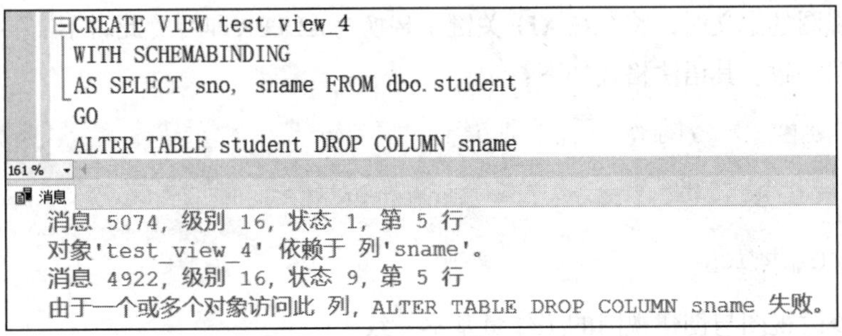

图 8-10　因影响视图 test_view_4 而导致删除 sname 列失败

（3）VIEW_METADATA 选项：当使用 API 函数在应用程序代码中查询数据表或视图时，需要获取数据源的元数据信息。当查询对象是视图时，使用 VIEW_METADATA 选项可以使 SQL Server 返回该视图的元数据信息，而不返回基本表的元数据信息。

4）对查询结果排序

定义视图时，不能对视图中的数据进行排序，原因如下：① 在 SQL 标准中，视图不支持 ORDER BY 子句；② 视图是一个查询的持久化表示，而不是数据的物理存储，因而没有必要对其进行排序；③ 如果在视图内部对数据进行排序，则每次查询该视图时都会排序，导致降低查询性能。此外，可以在查询视图时灵活地对视图中的数据进行排序，因而没有必要在视图内部对数据进行排序。

在 SQL Server 平台上定义视图时，如果在查询语句中直接使用 ORDER BY 子句排序会报错，如图 8-11 所示。根据错误提示，如果一定要在视图定义中使用 ORDER BY 子句，需要使用 TOP 关键字指定所需的数据量，如图 8-12 所示。

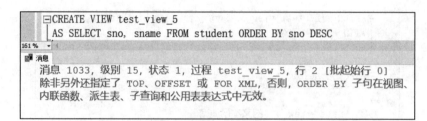

图 8-11　在视图定义中使用 ORDER BY 子句导致报错

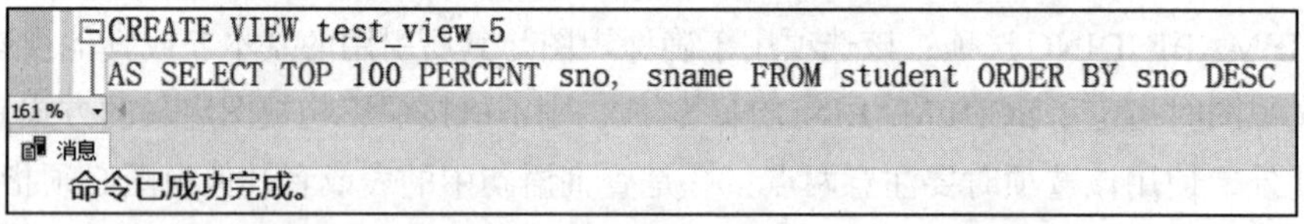

图 8-12　在视图定义中使用 ORDER BY 子句成功

5）WITH CHECK OPTION 选项

如果一个视图支持更新操作，该选项可以确保通过视图进行的任何插入操作或更新操作都满足视图定义中的 WHERE 子句（如果存在）所指定的条件。这个选项主要用于维护数据的完整性和一致性。在本章的 8.3 节会对该选项进行验证，因而此处不举例说明。

2. 修改视图

当需要修改视图的定义时，将 CREATE 关键字替换为 ALTER 即可（此时不需要 OR ALTER），其他内容与创建视图一致。其语法格式如下：

```
ALTER VIEW 视图名 [ ( 列名 [ ,...n ] ) ]
[ WITH 选项 [ ,...n ] ]
AS 查询语句
[ WITH CHECK OPTION ]
```

可以发现，修改视图与创建视图的工作量基本一致。

注意：修改视图需要非常慎重，因为某些应用程序或者其他视图可能对该视图有依赖。因此，在修改视图之前需要做充分的调查并通知相关方面进行测试，最好备份原视图的定义。

此外，若指定的视图不存在，则会报错并提示"对象名无效"。为了避免出现这种错误，可以使用 IF 语句进行判断，如果视图确实存在，再对其进行修改。语法格式如下：

```
IF EXISTS (SELECT * FROM sys.objects WHERE name='视图名' AND type='V')
    ALTER VIEW 视图名 …
```

说明：系统表 sys.objects 存储了当前数据库的所有对象；条件 type='V' 要求对象的类型为视图；只有当 SELECT 语句的结果集不为空（即指定名称的视图确实存在）时，才执行 ALTER VIEW 语句。

3. 删除视图

与删除基本表一样，删除视图同样采用 DROP 关键字。其语法格式如下：

```
DROP VIEW 视图名 [ ,...n ]
```

说明：可以一次删除多个视图。

当指定视图不存在时，删除操作也会报错并提示"对象名无效"。此时，有以下两种语法避免这个错误。

```
-- 语法一
DROP VIEW IF EXISTS 视图名 [ ,...n ]
-- 语法二
IF EXISTS (SELECT * FROM sys.objects WHERE name='视图名' AND type='V')
    DROP VIEW 视图名
```

可以发现，语法一更为简洁，并且一次可以删除多个视图，而语法二则比较烦琐且不够灵活。因此，本书推荐使用语法一。图 8-13 所示为一个删除视图的示例。

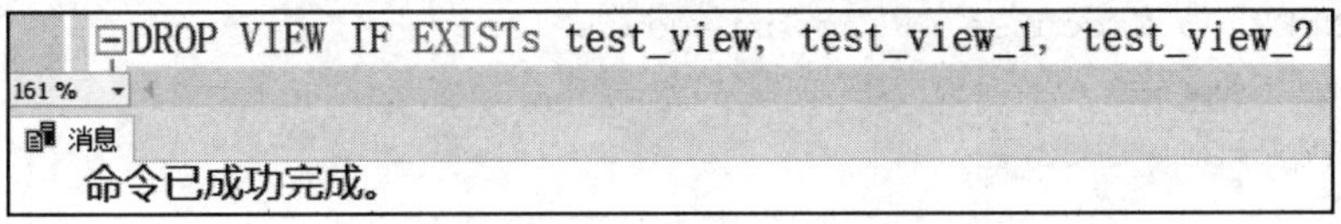

```
DROP VIEW IF EXISTs test_view, test_view_1, test_view_2
```

消息
命令已成功完成。

图 8-13 一次删除三个视图

8.3 实验内容

编写并执行 SQL 语句以完成下列视图操作：

（1）创建所有男生的视图 V_Male_Student，要求通过该视图更新数据时保证该视图只包含男生。

SQL 语句：

```
CREATE VIEW V_Male_Student
AS SELECT sno, sname, ssex, sage, sdept
    FROM student WHERE ssex=N'男'
WITH CHECK OPTION
```

创建结果如图 8-14 所示。

（2）创建计算机系学生的视图 V_CS_Student，要求通过该视图更新数据时保证该视图只包含计算机系的学生。

SQL 语句：

```
CREATE VIEW V_CS_Student
AS SELECT sno, sname, ssex, sage, sdept
    FROM student WHERE sdept=N'计算机系'
WITH CHECK OPTION
```

创建结果如图 8-15 所示。

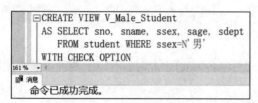

图 8-14　步骤（1）创建结果

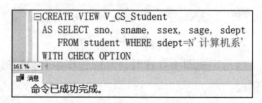

图 8-15　步骤（2）创建结果

（3）创建所有成绩不及格的学生的信息视图 V_Student_Score_Info，列出学号、姓名、院系、课程名、成绩，并按成绩降序排列。

SQL 语句：

```
CREATE VIEW V_Student_Score_Info
AS SELECT TOP 100 PERCENT student.sno, sname, sdept, cname, grade
    FROM student INNER JOIN sc ON student.sno=sc.sno
        INNER JOIN course ON sc.cno=course.cno
    WHERE grade < 60
    ORDER BY grade DESC
```

创建结果如图 8-16 所示。

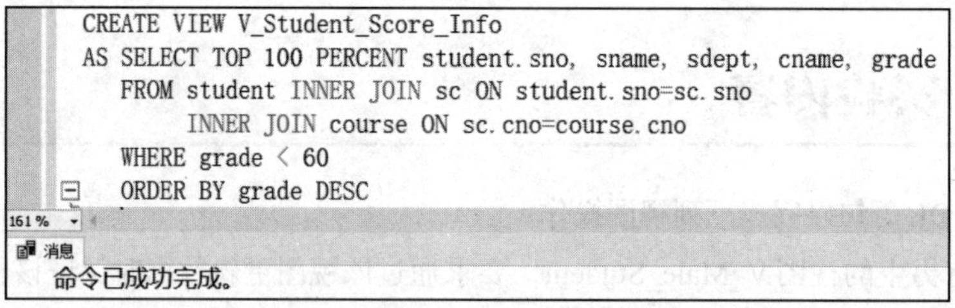

图 8-16　步骤（3）创建结果

（4）创建所有课程的平均成绩视图 V_Scores，列出课程号、课程名、平均成绩。

SQL 语句：

```
CREATE VIEW V_Scores
AS SELECT sc.cno, cname, AVG(grade) as avg_grade
    FROM sc, course
    WHERE sc.cno=course.cno
    GROUP BY sc.cno, cname
```

创建结果如图8-17所示。

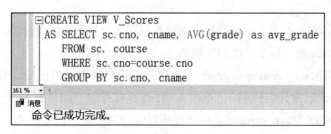

图8-17 步骤（4）创建结果

（5）使用图形界面的视图设计器创建所有成绩不及格的学生的信息视图V_Student_Score_Info_2，列出学号、姓名、院系、课程名、成绩，并按成绩降序排列。

① 右击资源管理器中的视图节点，选择"新建视图"命令打开视图设计器。

② 按住【Ctrl】键或【Shift】键选中三个数据表，单击"添加"按钮。

③ 在数据表中勾选所需的列，在grade列所在行选择排序类型为降序（排序顺序自动变为1），然后在筛选器中输入"<60"（此时该视图对应的SQL语句已经生成）。

④ 选择"文件"→"保存"命令，输入视图名V_Student_Score_Info_2，单击"确定"按钮完成视图的创建（系统会弹出警告，单击"确定"按钮即可）。

上述过程如图8-18所示。

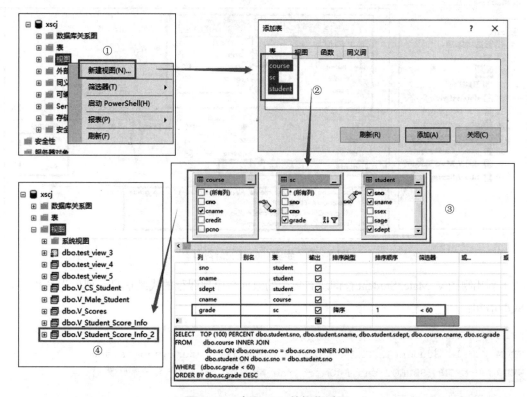

图8-18 步骤（5）的操作过程

（6）使用图形界面的视图设计器创建所有课程的平均成绩视图 V_Scores_2，列出课程号、课程名、平均成绩。

① 右击资源管理器中的视图节点，选择"新建视图"命令打开视图设计器。

② 选中 course 表和 sc 表，单击"添加"按钮。

③ 在数据表中勾选 cno、cname 和 grade 三个列，右击中间的表格区域，选择"添加分组依据"命令（此时三个列都标记为分组依据），单击 grade 列所在行的分组依据打开一个下拉列表，选择 Avg，将别名由 Expr1 修改为 avg_grade（此时该视图对应的 SQL 语句已经生成）。

④ 选择"文件"→"保存"命令，输入视图名 V_ Scores _2，单击"确定"按钮完成视图的创建。

上述过程如图 8-19 所示。

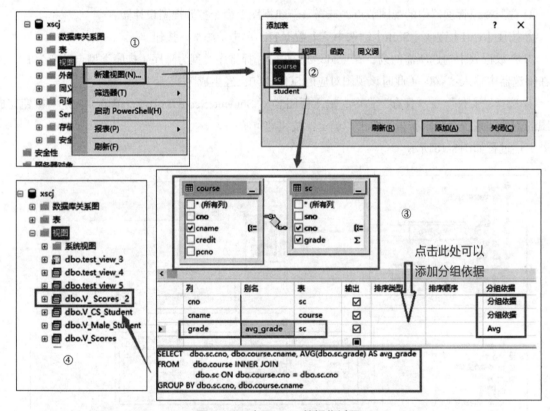

图 8-19　步骤（6）的操作过程

（7）利用视图 V_Male_Student 查询所有男生的数据库原理课程的成绩信息，列出学号和成绩。

SQL 语句：

```
SELECT sc.sno,grade
FROM V_Male_Student INNER JOIN sc ON V_Male_Student.sno=sc.sno
WHERE cno IN (SELECT cno FROM course WHERE cname=N'数据库原理')
```

查询结果如图 8-20 所示。

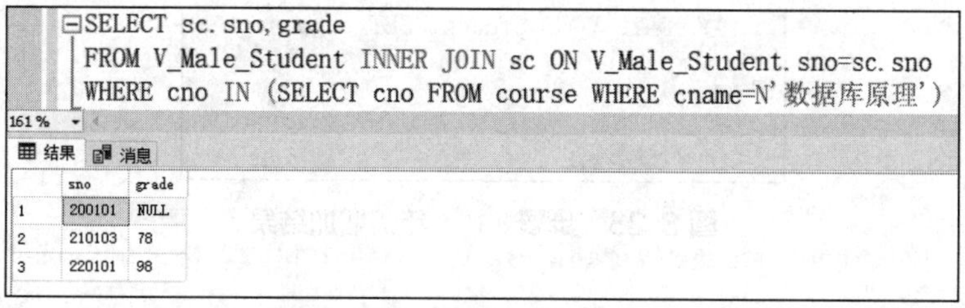

```sql
SELECT sc.sno, grade
FROM V_Male_Student INNER JOIN sc ON V_Male_Student.sno=sc.sno
WHERE cno IN (SELECT cno FROM course WHERE cname=N'数据库原理')
```

sno	grade
200101	NULL
210103	78
220101	98

图 8-20 步骤（7）查询结果

（8）利用视图 V_Male_Student 添加一名男生信息。

SQL 语句：

```sql
INSERT INTO V_Male_Student
VALUES ('220109', N'张武', N'男', 20, N'物理系')
```

添加结果如图 8-21 所示，由于该更新操作没有违背 WITH CHECK OPTION 选项的要求，上述语句执行成功。

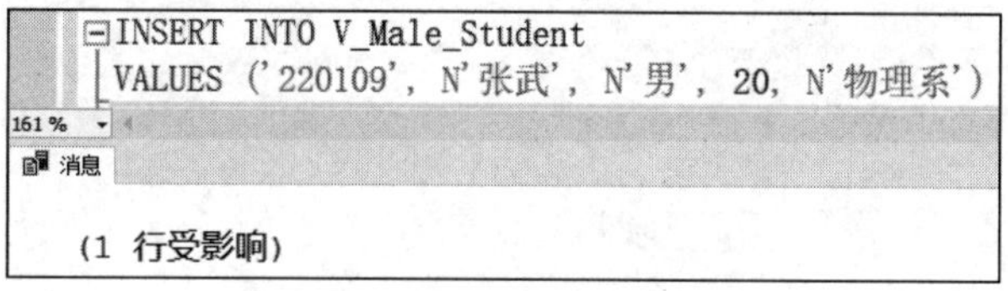

```sql
INSERT INTO V_Male_Student
VALUES ('220109', N'张武', N'男', 20, N'物理系')
```
(1 行受影响)

图 8-21 步骤（8）添加结果

（9）利用视图 V_Male_Student 添加一名女生信息，观察是否能够成功。

SQL 语句：

```sql
INSERT INTO V_Male_Student
VALUES ('220108', N'张妙', N'女', 20, N'计算机系')
```

添加结果如图 8-22 所示，由于视图 V_Male_Student 设置了 WITH CHECK OPTION 选项，更新视图时必须保障该视图仅包含男生信息，导致添加女生信息时出错。

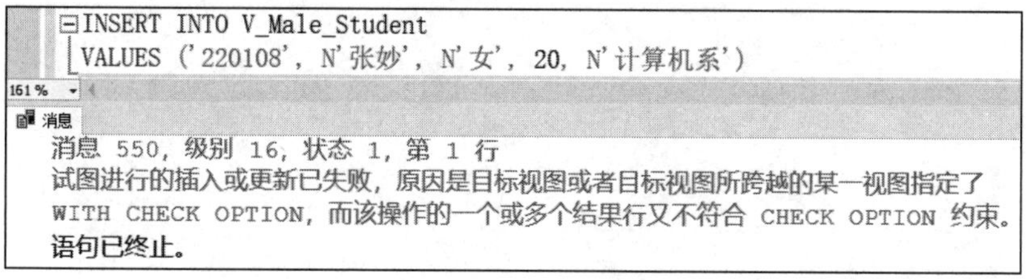

```sql
INSERT INTO V_Male_Student
VALUES ('220108', N'张妙', N'女', 20, N'计算机系')
```
消息 550，级别 16，状态 1，第 1 行
试图进行的插入或更新已失败，原因是目标视图或者目标视图所跨越的某一视图指定了 WITH CHECK OPTION，而该操作的一个或多个结果行又不符合 CHECK OPTION 约束。
语句已终止。

图 8-22 步骤（9）添加结果

（10）利用视图 V_CS_Student 把计算机系的学生年龄增加 1 岁。

```sql
UPDATE V_CS_Student SET sage=sage+1
```

年龄增加结果如图 8-23 所示，计算机系的 6 名学生的年龄得到了更新。

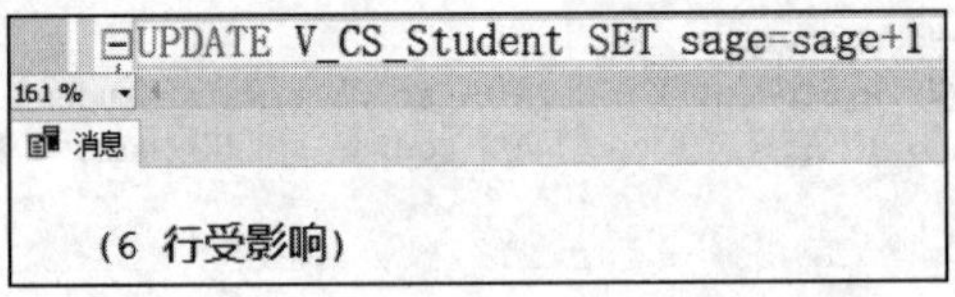

```
UPDATE V_CS_Student SET sage=sage+1
消息
(6 行受影响)
```

图 8-23 步骤（10）年龄增加结果

8.4 设计题

（1）创建成绩在该课程平均成绩之上的课程成绩视图 V_High_Score，列出学号、课程号、成绩、该课程的平均成绩。

（2）使用图形界面的视图设计器创建所有的男生的视图 V_Male_Student_2，列出学号、姓名、性别、年龄、院系。

（3）利用视图 V_CS_Student 添加一名计算机系的学生信息。

（4）利用视图 V_CS_Student 添加一名信息院的学生信息，观察能否执行成功。

第 9 章 更新数据

9.1 实验目的

（1）掌握使用UPDATE语句完成修改数据的操作。
（2）掌握使用DELETE语句完成删除数据的操作。

9.2 课程内容与语法要点

SQL数据操作主要分为查询数据和更新数据，前者不会对数据库中的数据产生影响（本书第3~7章的内容属于查询数据），更新数据则包含添加数据、修改数据和删除数据，对数据库中的数据产生影响。由于在第2章介绍过添加数据，本章只介绍对数据的修改和删除两种操作。

修改数据是指修改某数据表中满足一定条件的记录的一列或者几列的值，删除数据则是指删除某数据表中满足一定条件记录。这两种操作有如下共同点：
（1）一次只能处理一张数据表。
（2）需要修改的记录或者需要删除的记录必须满足一定的条件。
（3）运行逻辑与查询操作类似，即每次从数据源中取出一条记录。如果该记录满足指定条件则修改其内容或者删除该记录，然后继续处理下一条记录。
（4）需要慎重设置更新条件或者删除条件，表达不正确的条件会破坏数据内容。

1. 修改数据

修改操作针对的是数据表中满足指定条件的记录，修改的对象是这些记录中部分属性的值。其语法格式如下：

```
UPDATE 数据表 SET 列名=表达式 [ ,...n ]
[ WHERE 更新条件 ]
```

说明：UPDATE关键字后面只能出现一个数据表的名字，即一条UPDATE语句只能更新一个数据表；SET关键字用于指定具体的修改操作（把对应列的值更新为表达式的值），一次可以修改多个列的值,但不能修改主键的值;"表达式"可以是DEFAULT(要求该列上定义了默认值约束)、NULL(该列允许为空)、常量、变量、算术表达式、函数和子查询等;WHERE子句用于指定更新条件,满足条件的记录才会被修改,若省略了WHERE子句,则会更新数据表中的每一条记录(危险操作)。

1)修改数据简单示例

【示例❶】将所有学生的年龄增加1岁。

```
UPDATE student SET sage=sage+1
```

上述语句中没有WHERE子句,说明student表中的每一条记录都需要更新,更新方式为sage列的值增加1。

更新结果如图9-1所示,有18名学生的年龄被更新了。

【示例❷】对于选修005号课程且成绩低于90的选课记录,将其成绩增加5分。

```
UPDATE sc SET grade=grade+5 WHERE cno='005' AND grade<90
```

更新结果如图9-2所示,符合更新条件的选课记录有两条。

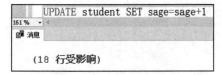

图9-1 示例1更新结果

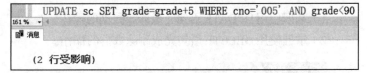

图9-2 示例2更新结果

2)涉及多个数据表的修改数据示例

示例1和示例2的操作均只涉及一个数据表,即更新条件仅针对被更新表中的列,因此比较简单。但是,很多UPDATE语句的更新条件会涉及被更新表以外的其他数据表,这会导致修改数据变得复杂一些。其难点在于如何正确地表达更新条件,原因是修改数据的语法结构中没有引入其他数据表的关键字。可以通过以下两种方法解决该问题。

方法1:将更新条件以子查询的方式表达出来。

当更新条件涉及其他数据表时,可以先通过子查询找出所有满足更新条件的记录的某些属性值并形成一个集合,然后在更新条件中要求被修改表中对应的属性值在这个集合中出现。

【示例❸】将计算机系学生选修且已经录入成绩的选课记录中的成绩增加1分。

```
UPDATE sc SET grade=grade+1 WHERE grade IS NOT NULL
    and sno IN (SELECT sno FROM student WHERE sdept=N'计算机系')
```

在该语句中,更新条件有两个:一个是要求选课学生来自计算机系,涉及student表(学生的院系信息仅存在于该数据表);另一个是已经录入了成绩(即成绩不为空),不涉及其他数据表。因此,在更新条件中将对学生院系的要求等价地转化为对学号的要求,从而正确地完成更新操作。

更新结果如图9-3所示。

方法2:在UPDATE语句中使用FROM关键字引入更新条件所涉及的其他数据表,并在WHERE子句中以连接的方式完成查询操作。

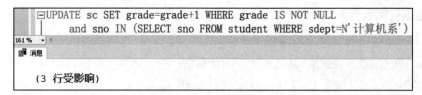

图 9-3　示例 3 更新结果

该方法属于 SQL Server 平台的专有方法，在其他关系型数据库平台不能运行。其语法格式如下：

```
UPDATE 数据表 SET 列名=表达式 [ ,...n ]
FROM 更新条件涉及的其他数据表 [ ,...n ] [ WHERE 更新条件 ]
```

说明：在更新条件中，可以将被更新表于 FROM 关键字后面的数据表通过连接条件进行关联。

【**示例❹**】将选修数据课程已经录入成绩的选课记录中的成绩增加 1 分。

```
UPDATE sc SET grade=grade+1 FROM course WHERE sc.cno=course.cno
    and cname=N'数据库原理' AND grade IS NOT NULL
```

该操作要求所选课程的名称是"数据库原理"，而课程的名称仅存在于 course 表，因此通过 FROM 关键字引入 course 表，然后在 WHERE 子句中使用连接条件 sc.cno=course.cno 将被修改的 sc 表于 course 表关联起来，就可以提出针对课程名的要求。

更新结果如图 9-4 所示。

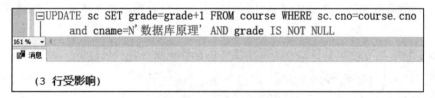

图 9-4　示例 4 更新结果

对比方法 1 和方法 2 可以发现：方法 1 需要对涉及其他数据表的更新条件进行等价转换，不够直观；方法 2 则可以直接应用前面所学的连接运算相关知识，比较直观且容易理解。但是，考虑到方法 1 可以应用于其他关系型数据库平台，属于通用语法，而方法 2 只能在 SQL Server 平台上应用，本书作者推荐采用方法 1。

2. 删除数据

删除操作针对的同样是数据表中满足指定条件的记录，操作方法是将这些记录从数据表中删除。其语法格式如下：

```
DELETE FROM 数据表 WHERE 删除条件
```

说明：DELETE FROM 可以视为一个整体，"DELETE * FROM …"是错误的；DELETE FROM 后面只能出现一个数据表，即一次只能从一个数据表中删除数据；WHERE 子句用于指定删除条件，满足条件的记录才会被删除，若省略了 WHERE 子句，则会删除数据表中的每一条记录（同样是危险操作）。

1）删除数据简单示例

【示例❺】删除220104号学生的选课记录。

```
--220104号学生还没有选过课，先为其选修001号课程
INSERT INTO sc VALUES ('220104', '001', NULL)
-- 删除220104号学生的选课记录
DELETE FROM sc WHERE sno='220104'
```

删除结果如图9-5所示，先添加的选课记录随后被删掉。该示例比较简单，因为删除条件中的属性均来自被删除数据的表，不涉及其他的数据表。

2）涉及多个数据表的删除数据示例

与修改数据类似，当删除条件涉及其他数据表时，该条件的表达方式同样有两种：一是使用子查询，属于通用语法；二是采用SQL Server专用语法，在DELETE FROM语句中额外增加一个FROM子句以便引入删除条件涉及的其他数据表，然后在WHERE子句中进行连接。该专用语法的格式如下：

图9-5 示例5删除结果

```
DELETE FROM 数据表
FROM 删除条件涉及的其它数据表 WHERE 删除条件
```

说明：在删除条件中可以通过连接条件将数据表与其他数据表关联起来，从而直观地表达出删除条件。

【示例❻】删除叶巧同学（即220104号学生）的选课记录。

```
-- 叶巧同学还没有选过课，先为其选修001号课程
INSERT INTO sc VALUES ('220104', '001', NULL)
-- 删除叶巧同学的选课记录
DELETE FROM sc
WHERE sno IN (SELECT sno FROM student WHERE sname=N'叶巧')
```

该操作要求从sc表中删除数据，但删除条件却是对学生姓名提出了要求（sc表中没有姓名列），因而先通过姓名找出学号集合（可能存在同名同姓的学生），最后将针对姓名的删除条件转化为针对学号提出的要求。

删除结果如图9-6所示。

【示例❼】使用SQL Server专用语法完成示例6要求的操作。

```
-- 叶巧同学还没有选过课，先为其选修001号课程
INSERT INTO sc VALUES ('220104', '001', NULL)
-- 删除220104号学生的选课记录
DELETE FROM sc FROM student
WHERE sc.sno=student.sno AND sname=N'叶巧'
```

删除结果如图9-7所示。

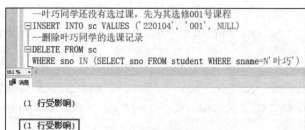

图 9-6 示例 6 删除结果 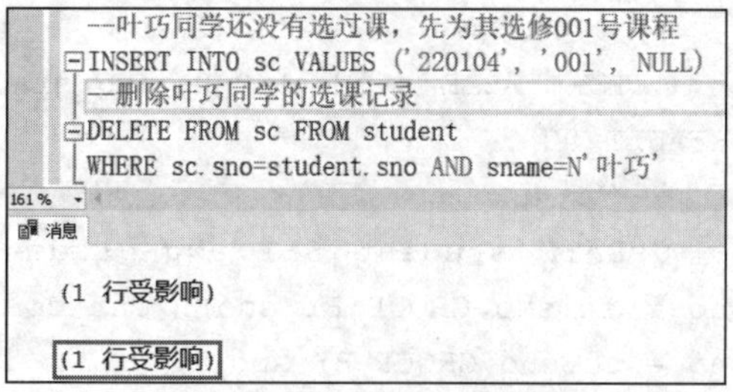　　　　　图 9-7 示例 7 删除结果

9.3 实验内容

编写 UPDATE 语句和 DELETE FROM 语句完成以下修改数据和删除数据的操作。

（1）将学号为 201101 的学生所在的院系修改为数学系。

SQL 语句：

```
UPDATE student SET sdept=N'数学系' WHERE sno='201101'
```

修改结果如图 9-8 所示。

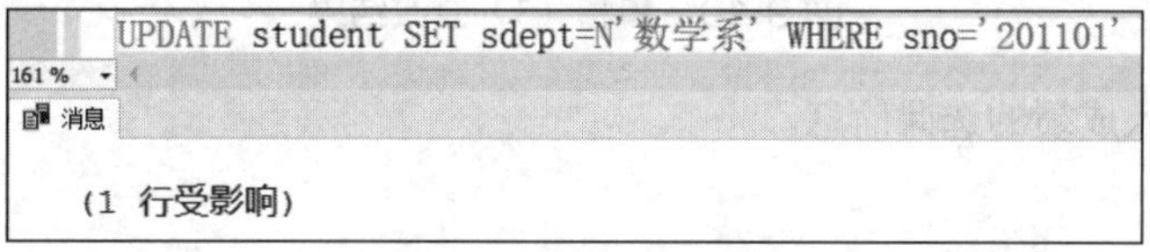

```
UPDATE student SET sdept=N'数学系' WHERE sno='201101'

（1 行受影响）
```

图 9-8 步骤（1）修改结果

（2）把计算机系选修数据库原理课程的成绩修改为 85 分。

SQL 语句：

```
UPDATE sc SET grade=85
WHERE sno IN (SELECT sno FROM student WHERE sdept=N'计算机系')
  and cno IN (SELECT cno FROM course WHERE cname=N'数据库原理')
```

修改结果如图 9-9 所示。

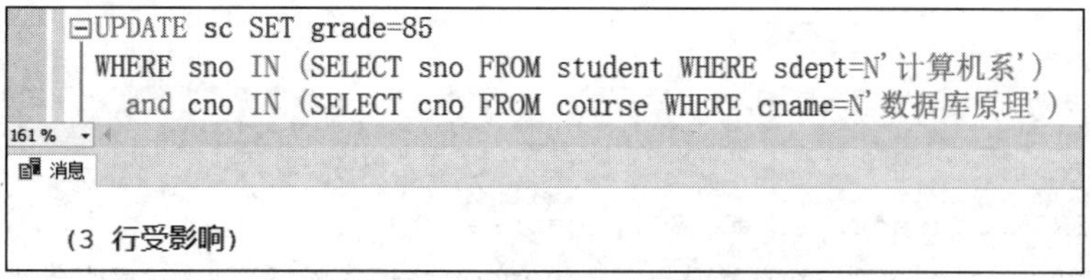

```
UPDATE sc SET grade=85
  WHERE sno IN (SELECT sno FROM student WHERE sdept=N'计算机系')
    and cno IN (SELECT cno FROM course WHERE cname=N'数据库原理')

（3 行受影响）
```

图 9-9 步骤（2）修改结果

（3）修改 student 表的结构，添加 avg_grade 和 cnt_course 两个字段（数据类型均为 smallint），然后将每个学生的平均成绩和选课总门数写入 avg_grade 列和 cnt_course 列。

```
-- 修改表结构
ALTER TABLE student ADD avg_grade SMALLINT DEFAULT NULL, cnt_course SMALLINT DEFAULT 0
-- 修改数据
UPDATE student SET avg_grade=(SELECT AVG(grade) FROM sc WHERE student.sno = sc.sno GROUP BY sno), cnt_course=(SELECT COUNT(cno) FROM sc WHERE student.sno = sc.sno GROUP BY sno)
```

修改结果如图9-10所示，UPDATE语句没有出现WHERE子句，即student表中的每一条记录都需要更新。更新的过程：取出当前记录中的学号，然后通过两个相关子查询从sc表中统计出该学生的平均成绩和选课门数，并对student表中的avg_grade列和cnt_course列进行更新。此外，请读者思考上述子查询中的GROUP BY子句是否是必要的，以及去掉之后子查询的语义和结果是否会发生改变。

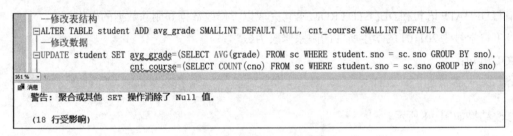

图 9-10 步骤（3）修改结果

（4）删除没有录入成绩的选课信息。
SQL语句：

```
DELETE FROM sc WHERE grade IS NULL
```

删除结果如图9-11所示。

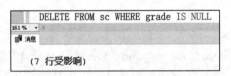

图 9-11 步骤（4）删除结果

（5）删除信息工程系的男生选修"高级语言"的选课记录。
SQL语句：

```
DELETE FROM sc
WHERE EXISTS
(SELECT * FROM student, sc as SC1, course
 WHERE student.sno=SC1.sno AND SC1.cno=course.cno AND sex=N'男'
 AND sdept=N'信息工程系' AND cname=N'高级语言'
 AND student.sno=sc.sno and course.cno=sc.cno)
```

删除结果如图9-12所示。

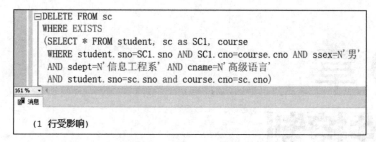

图 9-12 步骤（5）删除结果

（6）删除各门课程中成绩最差的选课记录。
SQL 语句：

```
DELETE FROM sc
WHERE EXISTS
(SELECT * FROM
  (SELECT cno, MIN(grade) AS grade FROM sc AS SC1 GROUP BY cno) AS Tmp
 WHERE cno=sc.cno AND grade=sc.grade)
```

删除结果如图 9-13 所示。

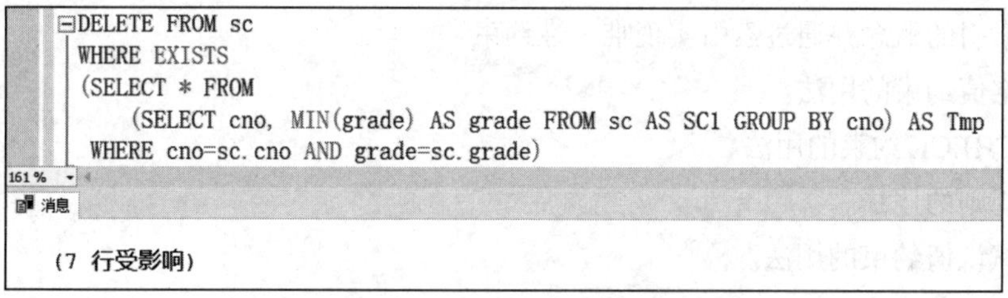

图 9-13 步骤（6）删除结果

9.4 设计题

（1）修改 sc 表的结构，增加一个 remark 字段（数据类型为 varchar(50)），然后在成绩高于 90 分的记录中设置 remark 列的值为"成绩优秀"。

（2）在没有选课的学生中，删除年龄最小的学生信息。

第 10 章
完整性控制

10.1 实验目的

（1）掌握主键约束的实现方式。
（2）掌握外键约束的实现方式。
（3）掌握索引的概念并通过索引实现唯一性约束。
（4）掌握空值约束的用法。
（5）掌握CHECK约束的用法。
（6）掌握规则的用法。
（7）掌握默认值约束的用法。

10.2 课程内容与语法要点

数据完整性是指数据库中数据的正确性和一致性。完整性控制是数据库管理系统（DBMS）运行机制的重要组成部分，用于保证数据库中的数据在任何时刻都是有效的。完整性控制主要有两项内容：一是完整性规则的定义；二是这些规则的实施，由DBMS保证数据库更新操作只有在不破坏这些规则的前提下才能够被执行。完整性规则包括实体完整性、参照完整性和用户定义完整性。

1. 实体完整性

实体完整性主要通过主键约束实现，它要求数据表中有一个主键（一行数据唯一性标识），其构成主键的列都不能为空。

1）在新表中创建主键

语法格式如下：

```
-- 主键由单列构成（列级约束）
CREATE TABLE 表名（
    列1 数据类型 CONSTRAINT PK_1 PRIMARY KEY
```

```
)
-- 主键由单列构成（表级约束）
CREATE TABLE 表名 (
    列1 数据类型,
    CONSTRAINT PK_2 PRIMARY KEY (列1)
)
-- 主键由多列构成
CREATE TABLE 表名 (
    列1 数据类型,
    列2 数据类型,
    CONSTRAINT PK_3 PRIMARY KEY (列1, 列2)
)
```

说明：

（1）一个数据表可以没有主键，最多只能有一个主键。

（2）当主键由单列构成时，可以将其作为列级约束放到列定义的内部，也可以将其作为表级约束放到列定义的外面。

（3）当主键由多列构成时，只能将其作为表级约束放到列定义的外面。

（4）CONSTRAINT 关键字用于给约束命名，主键的名称一般以 PK 开头。

（5）CONSTRAINT 关键字可以省略，即不给约束命名，此时 DBMS 会给该约束生成一个默认的约束名（由于对约束的操作需要用到约束的名字，因此建议显式地给主键约束命名）。

2）在现有表中创建主键

语法格式如下：

```
ALTER TABLE 表名 ADD CONSTRAINT PK_1 PRIMARY KEY (列1)
```

说明：

（1）现有表中不能有主键，否则上述语句会报错。

（2）约束命名部分同样可以省略。

2. 参照完整性

参照完整性又称引用完整性，它要求保证从表（引用表）和主表（被引用表）中的数据一致。从表中外键的值要么为空（若是主键成员则不能为空），要么是来自于主表的主键值。参照完整性需要通过定义外键约束实现。

1）在新表中创建外键

语法格式如下：

```
-- 外键由单列构成（列级约束）
CREATE TABLE 表名 (
    列1 数据类型 CONSTRAINT FK_1 FOREIGN KEY (列1)
                        REFERENCES 主表 (主键列)
)
```

```sql
-- 外键由单列构成（表级约束）
CREATE TABLE 表名 (
    列 1 数据类型,
    CONSTRAINT FK_2 FOREIGN KEY (列 1)
                    REFERENCES 主表 (主键列)
)
-- 外键由多列构成
CREATE TABLE 表名 (
    列 1 数据类型,
    列 2 数据类型,
    CONSTRAINT FK_1 FOREIGN KEY (列 1, 列 2)
                    REFERENCES 主表 (主键列 1, 主键列 2)
)
```

说明：

（1）当外键由单列构成时，可以将其作为列级约束放到列定义的内部（此时可以省略 CONSTRAINT FK_1 FOREIGN KEY (列 1)），也可以将其作为表级约束放到列定义的外面。

（2）当外键由多列构成时，只能将其作为表级约束放到列定义的外面。

（3）约束命名同样可以省略，但不推荐。

2）在现有表中创建外键

语法格式如下：

```sql
ALTER TABLE 表名 ADD CONSTRAINT FK_1 FOREIGN KEY (列 1)
                    REFERENCES 主键表 (主键列)
```

说明：

（1）现有表中不能有同名外键，否则上述语句会报错。

（2）约束命名部分同样可以省略。

3）基于外键的级联删除

假设一名学生选修了三门课程，把这名学生的信息从 student 表中删除的操作会失败，因为它破坏了参照完整性（sc 表中的 sno 列引用了 student 表中的 sno 列）。此时，可以先删除该学生所有的选课记录，使得没有其他数据对其有依赖，然后才可以删除该学生的信息。或者在定义外键时设置级联删除，即当删除一个学生的信息时，一并删除所有的对其有依赖的数据。其代码如下：

```sql
-- 先删除 sc 表的外键
ALTER TABLE sc DROP FK_sc_sno_student_sno
-- 添加带级联删除选项的外键
ALTER TABLE sc ADD CONSTRAINT FK_sc_sno_student_sno
    FOREIGN KEY (sno) REFERENCES student(sno) ON DELETE CASCADE
```

说明：外键定义最后的 ON DELETE CASCADE 即为级联删除选项；在新表中创建外键约束时，也可以在外键定义的最后加上该选项，从而实现级联删除操作。

3. 用户定义完整性

1）空值约束

空值约束针对的是数据表中的列能否取空值的问题。默认情况下，一个列（非主键成员）是可以取空值的。因此，空值约束的默认选项是 NULL（即允许为空，不需要显式地定义），而需要在列的定义中显式地指定的情况是非空约束（NOT NULL，不允许该列出现空值）。此外，空值约束本身不支持命名。

（1）在新表中创建非空约束。语法格式如下：

```
CREATE TABLE 表名 (
    列1 数据类型 NOT NULL
)
```

（2）在现有表中创建非空约束。该操作与第2章提到过的修改数据类型一致。语法格式如下：

```
ALTER TABLE 表名 [ WITH {CHECK | NOCHECK} ]
    ALTER COLUMN 列1 数据类型 NOT NULL
```

说明：当给某一列添加非空约束之前，该列可能已经存在空值，为了顺利添加非空约束，需要采用 WITH NOCHECK 选项，即对于已经存在的空值不做要求，仅要求以后插入或修改后的值不能为空；WITH CHECK 选项（默认值）则要求已经存在的值也不能为空，否则 ALTER TABLE 命令会报错。

WITH CHECK 和 WITH NOCHECK 两个选项对于后面添加 CHECK 约束同样适用。

2）CHECK 约束

CHECK 约束是通过限制一个或多个列的取值来实施完整性，它的核心内容是一个逻辑表达式。当插入或修改一条记录时，将该记录中的一列或几列的值代入 CHECK 约束的逻辑表达式，如果计算结果为 TRUE，说明该操作没有破坏规则，可以执行，否则不能执行。CHECK 约束既可以针对列进行定义，也可以针对数据表进行定义。以下通过两个例子进行说明。

（1）要求 student 表中 sage 列的值不能小于 16。

SQL 代码如下：

```
-- 在新建表中定义 CHECK 约束
CREATE TABLE student
(
    sno char(6) PRIMARY KEY,
    sname nvarchar(15) NOT NULL,
    ssex nchar(1),
    sage tinyint CHECK(sage>=16), -- 该约束使用默认名字
    sdept nvarchar(10)
    -- 也可以选择如下方式
    --, CONSTRAINT CHK_sage CHECK(sage>=16)
)
-- 在现有表中定义 CHECK 约束
ALTER TABLE student WITH NOCHECK ADD CONSTRAINT CHK_sage CHECK(sage>=16)
```

（2）要求student表中sage列的值不能小于16，ssex列不能为空且必须在（'男'，'女'）中取值。

SQL代码如下：

```
-- 在新建表中定义CHECK约束
CREATE TABLE student
(
    sno char(6) PRIMARY KEY,
    sname nvarchar(15) NOT NULL,
    ssex nchar(1),
    sage tinyint,
    sdept nvarchar(10),
    CONSTRAINT CHK_age
        CHECK(sage>=16 AND ssex IS NOT NULL AND ssex IN (N'男', N'女'))
)
-- 在现有表中定义CHECK约束
ALTER TABLE student WITH NOCHECK
    ADD CONSTRAINT CHK_age
        CHECK(sage>=16 AND ssex IS NOT NULL AND ssex IN (N'男', N'女'))
```

3）规则

规则（RULE）同样是通过一个逻辑表达式来限制某一列的取值，但规则是独立存在的对象，需要绑定到数据表中的某一列后才生效，或者也可以绑定到某一个自定义数据类型，间接地约束使用该数据类型的列。

（1）创建规则。语法格式如下：

```
CREATE RULE 规则名 AS 条件表达式
```

说明：

① 条件表达式中需要一个局部变量（不需要定义，起占位符作用）用来代表插入或更新后的值。

② 单个批处理中只能有一条CREATE RULE语句。

例如：要求限制字符串的取值范围长度为3且仅包含数字字符。

```
CREATE RULE rule_cno AS @value LIKE '[0-9][0-9][0-9]'
```

（2）绑定规则。将规则绑定到列或者用户自定义数据类型时，需要用到系统存储过程sp_bindrule。其语法格式如下：

```
EXEC sp_bindrule '规则名', '对象名' [,'futureonly']
```

说明：

① 一个列或一个自定义数据类型至多可以绑定一个规则。

② 如果对象名是"表名.列名"的形式，说明绑定到列，否则是绑定到自定义数据类型。

③ futureonly选项仅在绑定规则到自定义数据类型时才使用，设置futureonly选项表示当前使用该自定义数据类型的列不继承规则，仅后续使用该类型的新建表继承规则。如果不设置该选项，则表

示将规则绑定到使用该类型的所有列上。

④ 绑定规则对于数据表中已有的数据无效。

⑤ 规则中变量的数据类型必须与被约束列的数据类型兼容。

⑥ 如果被约束列同时有默认值和规则与之关联,则默认值必须满足规则的要求。

例如:将规则 rule_cno 绑定到 sc 表的 cno 列和自定义数据类型 type_Cno。

```
-- 绑定规则到列
EXEC sp_bindrule 'rule_cno', 'sc.cno'
-- 绑定规则到自定义数据类型
EXEC sp_bindrule 'rule_cno', 'type_Cno','futureonly'
```

(3)解除绑定。解除绑定需要使用系统存储过程 sp_ubbindrule。其语法格式如下:

```
EXEC sp_unbindrule '对象名' [,'futureonly']
```

说明:futureonly 选项仅用于解除自定义数据类型的规则,设置该选项说明该类型的现有列不会失去指定的规则,否则使用该类型的所有列都会失去规则。

例如:解除 sc 表的 cno 列上的规则。

```
EXEC sp_unbindrule 'sc.cno'
```

(4)删除规则。语法格式如下:

```
DROP RULE [ IF EXISTS ] 规则名 [ ,...n ]
```

说明:IF EXISTS 选项用于保证指定名称的规则存在时才删除,避免出现"指定对象不存在"的错误。

例如:删除规则 rule_cno。

```
DROP RULE rule_cno
```

4)默认值

它的作用是给某个表的某一列设置一个默认值。如果向该数据表中插入一条记录但不指定该列的值,则该列的值被 DBMS 设置为默认值。默认值的设置有两种方式:一是默认值约束,必须定义到某个列上;二是默认值对象,与规则类似,是独立的对象,需要先创建,绑定后才生效。

(1)默认值约束。与创建 CHECK 约束类似,在创建表或者修改表结构时可以创建默认值约束。以下为创建默认值约束的两个例子(设置 student 表的 ssex 列的默认值为"男")。

```
-- 在新建表中定义 CHECK 约束
CREATE TABLE student
(
    sno char(6) PRIMARY KEY,
    sname nvarchar(15) NOT NULL,
    ssex nchar(1) DEFAULT N'男',
    sage tinyint,
```

```sql
    sdept nvarchar(10)
)
-- 在现有表中定义 CHECK 约束
ALTER TABLE student WITH NOCHECK
    ADD CONSTRAINT DF_ssex DEFAULT N'男' FOR ssex
```

（2）默认值对象。创建和删除默认值对象的语法格式如下：

```sql
-- 创建 DEFAULT 对象
CREATE DEFAULT 默认值对象名 AS 默认值
-- 删除 DEFAULT 对象
DROP DEFAULT [ IF EXISTS ] 默认值对象名 [ ,...n ]
```

默认值对象的绑定与解除绑定分别采用 sp_bindefault 和 sp_unbindefault 两个系统存储过程。这两个操作与规则类似，这里不再赘述。

5）唯一性约束

唯一性约束主要用于确保在非主键的一个列或多个列的组合中不会输入重复值。主键约束同样强制实施唯一性，但一个数据表只能有一个主键。因此，对非主键列强制实施唯一性需要使用唯一性约束，而不是主键约束。唯一性约束通过 UNIQUE 关键字创建。

唯一性约束的定义有两种方式：一是以约束的形式创建；二是通过唯一性索引的形式创建。前者虽然属于约束（使用 CONSTRAINT 关键字命名），但其底层实现仍然是唯一性索引。

（1）以约束的形式强制实施唯一性。以下为创建唯一性约束的例子（设置 student 表的 sname 列的值唯一）。

```sql
-- 在新建表中创建唯一性约束
CREATE TABLE student
(
    sno char(6) PRIMARY KEY,
    sname nvarchar(15) UNIQUE,  -- 该约束使用默认名字
    ssex nchar(1),
    sage tinyint,
    sdept nvarchar(10)
    -- 也可以选择如下方式
    --, CONSTRAINT UNQ_sname UNIQUE(sname)
)
-- 在现有表中定义 CHECK 约束
ALTER TABLE student
    ADD CONSTRAINT UNQ_sname UNIQUE(sname)
```

说明：

① 通过 ALTER TABLE 设置唯一性约束时不支持 WITH NOCHECK 选项。

② 在第一个例子中，仅要求 sname 列唯一，但没有要求它不能取空值，因而 sname 列中可以出现一个空值，因为不会破坏唯一性约束。

③ 当唯一性约束要求多个列组合的值唯一时，必须作为表级完整性约束进行定义。

（2）以索引的形式强制实施唯一性。索引是根据数据表中一列或者若干列按照一定的顺序建立列值与记录行之间的对应关系（实质是对数据进行排序），从而为快速查找提供支持。创建索引的语法格式如下：

```
CREATE [ UNIQUE ] [ CLUSTERED | NONCLUSTERED ] INDEX 索引名
    ON 表名 ( 列名 [ ASC | DESC ] [ ,...n ] )
```

说明：

① UNIQUE 选项表示创建唯一性索引，要求索引列中不能出现重复值。

② CLUSTERED 选项表示创建聚集索引，即索引列的逻辑顺序与数据记录的物理顺序一致，因而一个数据表只能有一个聚集索引（通常建立在主键上）。

③ NONCLUSTERED 选项表示创建非聚集索引，不要求索引列的逻辑顺序与数据记录的物理顺序一致，因而一个数据表中可以有多个非聚集索引。

④ 表名后面是索引的排序依据，与 ORDER BY 指定排序的语法完全一致（可以有多个列参与排序）。

利用索引设置 student 表的 sname 列的值唯一的代码如下：

```
CREATE UNIQUE INDEX ind_unq_sname ON student (sname ASC)
```

（3）唯一性约束的底层实现。为了证实唯一性约束的底层实现是唯一性索引，先以约束的形式为 student 表的 sname 列强制实施唯一性，然后使用 sp_helpindex 查看 student 表上的约束。

验证结果如图 10-1 所示。可以发现对象 UNQ_sdept 是一个建立在 sname 列上的唯一性非聚集索引。另一个发现是，主键约束实际上也是一个索引。事实上，主键可以视作非空约束和唯一性聚集索引的组合。

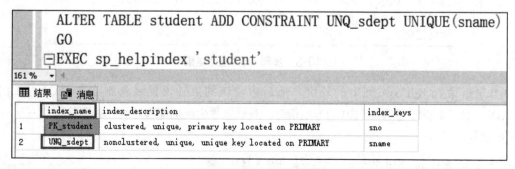

图 10-1　唯一性约束验证

10.3　实验内容

编写 SQL 语句完成以下设置或验证完整性约束的操作。

（1）向 student 表添加一名学号为 220104 的学生信息，观察能否执行成功。

SQL 语句：

```
INSERT INTO student (sno, sname, ssex, sage, sdept)
    VALUES ('220104', N'张三', N'男', 21, N'数学系')
```

添加结果如图 10-2 所示，错误信息提示违反了主键约束，即 student 表中已经存在学号是 220104 的学生，导致插入数据失败。

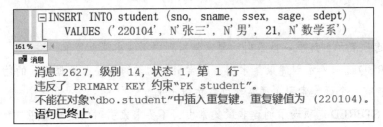

图 10-2　步骤（1）添加结果

（2）为学号为 220105 的学生选修 005 号课程，观察能否执行成功。

SQL 语句：

```
INSERT INTO sc VALUES ('220105', '005', NULL)
```

选修结果如图 10-3 所示，错误信息提示违反了 sno 列上的外键约束，原因是 student 表中没有学号是 220105 的学生（即引用了不存在学生）。

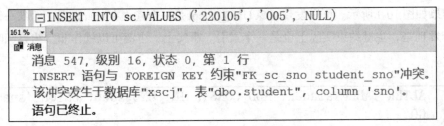

图 10-3　步骤（2）选修结果

（3）先删除 sc 表中 sno 列上的外键，然后重建该约束并设置级联删除选项 ON DELETE CASCADE，最后删除学号为 220101 的学生信息，观察该学生所选课程是否一并删除。

SQL 语句：

```
-- 删除 sc 表的 sno 列上的外键，然后重建并设置级联删除
ALTER TABLE sc DROP FK_sc_sno_student_sno
ALTER TABLE sc ADD CONSTRAINT FK_sc_sno_student_sno
    FOREIGN KEY (sno) REFERENCES student(sno) ON DELETE CASCADE
-- 查询学号为 220101 的学生的选课情况
SELECT * FROM SC WHERE sno='220101'
-- 删除学号为 220101 的学生信息
DELETE FROM student WHERE sno='220101'
```

```sql
-- 再次查询学号为 220101 的学生的选课情况
SELECT * FROM SC WHERE sno='220101'
```

四个操作的结果如图 10-4 所示。重建主键后，学号为 220101 的学生选修了三门课程。删除该学生后，在 sc 表中已经不存在该学生的选课信息，说明基于外键的级联删除操作执行成功。

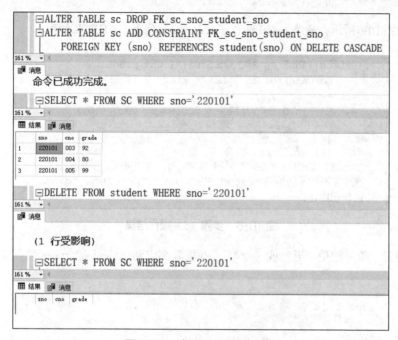

图 10-4　步骤（3）操作结果

（4）向 student 表添加一名学号为 220105 的学生信息，指定其姓名为 NULL，观察能否执行成功。
SQL 语句：

```sql
INSERT INTO student (sno, sname, ssex, sage, sdept)
    VALUES ('220105', NULL, N'男', 21, N'数学系')
```

添加结果如图 10-5 所示，student 表的 sname 列上有非空约束，而指定该列值为空违反了该约束，导致 INSERT 语句执行失败。

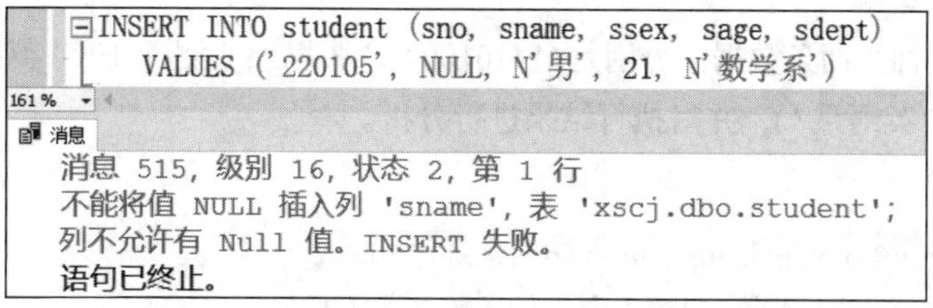

图 10-5　步骤（4）添加结果

（5）为 sc 表的 grade 列添加约束"要么为空，要么值在 0 到 100 之间"，然后向 sc 表添加一条记录 ('220104', '002', 101)，观察能否执行成功。

SQL 语句：

```
ALTER TABLE sc ADD CONSTRAINT CHK_grade
    CHECK(grade IS NULL or grade BETWEEN 0 and 100)
GO
INSERT INTO sc VALUES ('220104', '002', 101)
```

添加结果如图 10-6 所示，成绩为 101 违背了 sc 表 grade 列上的 CHECK 约束。

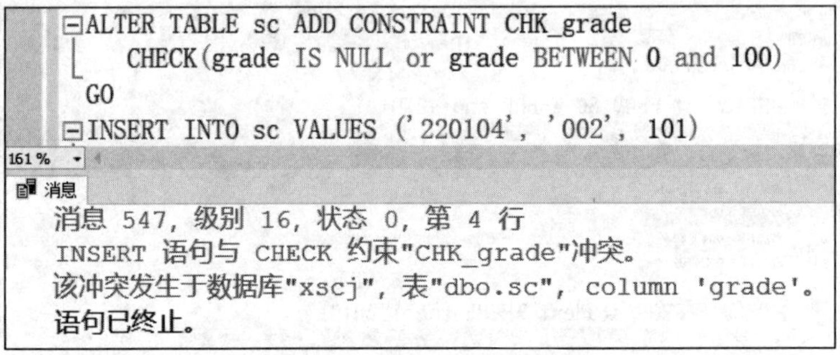

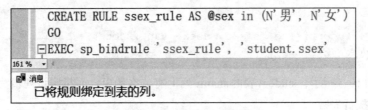

图 10-6 步骤（5）操作结果

（6）创建规则"值只能是'男'或'女'"，并将其绑定到 student 表的 ssex 列。

SQL 语句：

```
CREATE RULE ssex_rule AS @sex in (N'男', N'女')
GO
EXEC sp_bindrule 'ssex_rule', 'student.ssex'
```

创建结果如图 10-7 所示。

图 10-7 步骤（6）创建结果

（7）向 student 表插入两条数据，分别是('110100', '张思', '测', 19, '英语系')和('110101', '李四', NULL, 19, '英语系')，并对执行结果进行分析。

SQL 语句：

```
INSERT INTO student(sno,sname,ssex,sage,sdept)
    VALUES('110100', '张思', '测', 19, '英语系')
INSERT INTO student(sno,sname,ssex,sage,sdept)
    VALUES('110101', '李四', NULL, 19, '英语系')
```

操作结果如图 10-8 所示。可以发现：第一条 INSERT 语句执行失败，原因是 ssex 列的取值"测"

不符合规则 ssex_rule；第二条 INSERT 语句执行成功，说明规则 ssex_rule 对 ssex 列上的空值不起作用。因此，为了保证 ssex 列上只能出现"男"或"女"，需要为该列设置非空约束。

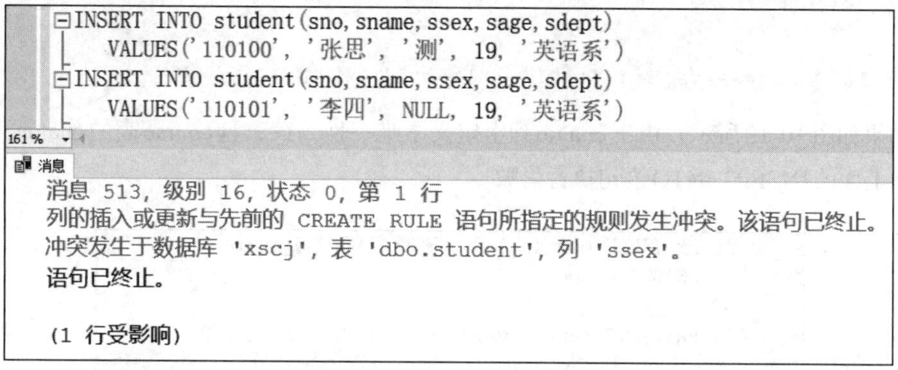

```
INSERT INTO student(sno, sname, ssex, sage, sdept)
    VALUES('110100', '张思', '测', 19, '英语系')
INSERT INTO student(sno, sname, ssex, sage, sdept)
    VALUES('110101', '李四', NULL, 19, '英语系')
```

消息 513，级别 16，状态 0，第 1 行
列的插入或更新与先前的 CREATE RULE 语句所指定的规则发生冲突。该语句已终止。
冲突发生于数据库 'xscj'，表 'dbo.student'，列 'ssex'。
语句已终止。

(1 行受影响)

图 10-8　步骤（7）操作结果

（8）设置 course 表的 credit 列的默认值为 0，并向该数据表插入一条记录进行验证，该记录仅指定 cno 列和 cname 列的值。

SQL 语句：

```
CREATE DEFAULT DF_credit AS 2
GO
EXEC sp_bindefault 'DF_credit', 'course.credit'
GO
INSERT INTO course (cno, cname) values ('100', N'test1')
GO
SELECT * FROM course WHERE cno='100'
```

操作结果如图 10-9 所示。执行完前三条语句后，再去查询课程号为 100 的课程信息，发现该课程的 credit 列的值为 2，而在 INSERT INTO 语句中并未指定 credit 列的值，因而可以断定是默认值约束起作用了。

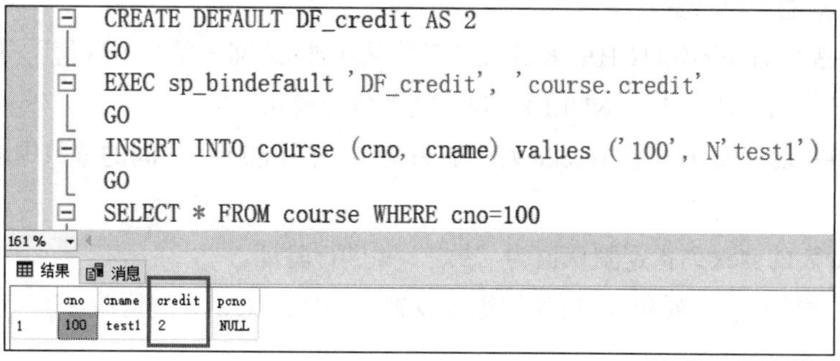

```
CREATE DEFAULT DF_credit AS 2
GO
EXEC sp_bindefault 'DF_credit', 'course.credit'
GO
INSERT INTO course (cno, cname) values ('100', N'test1')
GO
SELECT * FROM course WHERE cno=100
```

cno	cname	credit	pcno
100	test1	2	NULL

图 10-9　步骤（8）操作结果

（9）为 course 表的 cname 列强制实施唯一性，然后添加一条记录（'101', N'test1', 3, NULL），观察能否执行成功。

SQL 语句：

```
ALTER TABLE course ADD CONSTRAINT UNQ_cname
    UNIQUE(cname)
GO
INSERT INTO course values ('101', N'test1', 3, NULL)
```

操作结果如图 10-10 所示，由于 cname 列上定义了唯一性约束，且 course 表的 cname 列中已经存在值 test1，上面的 INSERT INTO 语句执行失败。

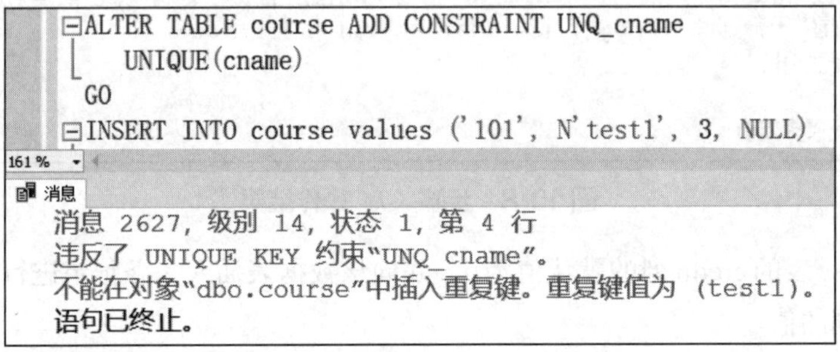

```
ALTER TABLE course ADD CONSTRAINT UNQ_cname
    UNIQUE(cname)
GO
INSERT INTO course values ('101', N'test1', 3, NULL)
```

消息
消息 2627，级别 14，状态 1，第 4 行
违反了 UNIQUE KEY 约束"UNQ_cname"。
不能在对象"dbo.course"中插入重复键。重复键值为 (test1)。
语句已终止。

图 10-10　步骤（9）操作结果

10.4　设计题

（1）删除 student 表中的主键约束，然后添加一名学号为 220104 的学生信息，观察能否执行成功。

（2）删除 sc 表中 sno 列上的外键，然后为学号为 220105 的学生选修 005 号课程，观察能否执行成功。

（3）先删除 sc 表中 cno 列上的外键，然后重建该约束并设置级联删除选项 ON DELETE CASCADE，最后删除课程号为 005 的课程信息，观察选修该课程的选课记录是否一并删除。

（4）删除 student 表的 sname 列上的非空约束，然后添加一名学号为 220105 的学生信息，指定其姓名为 NULL，观察能否执行成功。

（5）为 course 表的 credit 添加 CHECK 约束 "只能从 0 到 6 之间的整数中取值"，然后向 course 表添加一条记录（'020'，'Java 语言 '，7，NULL），观察能否执行成功。

（6）使用规则实现 "course 表的 credit 列不能为空且只能从 0 到 6 之间的整数中取值" 的约束，并进行验证。

（7）给 student 表的 ssex 列指定默认值为 "男"，并进行验证。

（8）为 course 表的 cname 列和 credit 列的组合设置唯一性约束，并进行验证。

第 11 章
过程化 SQL

11.1 实验目的

（1）理解过程化 SQL 的基本概念。
（2）掌握变量的定义与赋值。
（3）掌握流程控制语句。
（4）了解游标与函数的基本用法。

11.2 课程内容与语法要点

前面章节涉及的 SQL 语句均属于非过程化 SQL，一条语句完成一个特定的任务。虽然非过程化 SQL 非常适合交互式命令使用，但不能用于描述和实现某些业务流程。过程化 SQL 的提出就是为了解决这个问题，它是对标准 SQL 的扩展，引入了过程化特性，让使用 SQL 编写具有特定业务流程的应用程序成为可能。

过程化 SQL 的基本内容包括：变量的声明与赋值、流程控制语句、游标、函数、存储过程和触发器。本章主要包含前四项内容，存储过程和触发器将在第 12 章进行介绍。

1. 变量的声明与赋值

SQL 变量的声明与 CREATE TABLE 语句中列的定义类似，都是名字在前、类型在后。不同的是变量的声明还需要用到关键字 DECLARE。语法格式如下：

```
DECLARE {@ 变量名 数据类型 [ = 默认值 ]} [ ,...n ]
```

说明：除游标、文本和二进制三种特殊数据类型以外（本书不涉及），变量的标识符须以 @ 开头，表示局部变量，以两个 @@ 开头的通常是系统全局变量，可以直接使用而无须定义；可以一次定义多个变量，每个变量都需要独立的数据类型。

给声明好的变量赋值有两种方式：一是使用 SET 语句；二是使用 SELECT 语句。两种语法格式如下：

```
-- 使用 SET 语句给变量赋值
SET  @局部变量=表达式
-- 使用 SELECT 语句给变量赋值
SELECT {@局部变量=表达式} [ ,...n ]
```

说明：SET 语句一次只能给一个变量赋值，而 SELECT 语句一次可以给多个变量赋值；表达式可以是常量、数据类型兼容的其他变量、子查询和函数等。

2. 流程控制语句

过程化 SQL 的流程控制语句主要包括语句块、顺序结构、分支结构、循环结构和返回语句。

1）语句块

当需要一次执行多条语句时，需要使用语句块将它们定义为一个语句块来执行。例如，当满足分支语句的条件或者循环语句的条件时，可能需要执行多条语句，此时就必须把这些语句定义为一个语句块。SQL 语句块的语法格式如下：

```
BEGIN
    { SQL 语句 | 语句块 }
END
```

说明：BEGIN 标识语句块的开始，END 标识同一个语句块的结束，它们与某些高级语言中的大括号功能类似；一个语句块中可以出现多条 SQL 语句；语句块可以嵌套。

2）顺序结构

不需要显式地定义顺序结构，SQL 语句或语句块一般按照它们在执行过程中的先后顺序来执行。以下为一个顺序结构示例，其执行过程是先查询 110101 号学生的信息，然后将其年龄增加 1，最后再查一次该学生的信息。

```
BEGIN
    SELECT * FROM student WHERE sno='110101'
    UPDATE student SET sage=sage+1 WHERE sno='110101'
END
SELECT * FROM student WHERE sno='110101'
```

查询结果如图 11-1 所示，UPDATE 语句执行完成后 110101 号学生的年龄增加了 1。

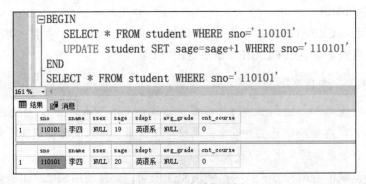

图 11-1　顺序结构示例

3）分支结构

分支结构又称条件结构,是指在执行过程中需要对给定的条件进行判断,根据判断结果执行不同的语句。分支结构有两种:一种是IF...ELSE语句;另一种是CASE语句。

(1) IF...ELSE语句:一般情况下,IF...ELSE语句属于二分支结构,根据条件表达式的值选择两个分支中的一个来执行。其语法格式如下:

```
IF 条件表达式
    { SQL 语句 | 语句块 }
[ ELSE
    { SQL 语句 | 语句块 } ]
```

说明: 条件表达式可以包含查询语句(须用小括号括起来),表达式的值为真或假;当条件表达式的值为真时,执行IF语句后的语句或语句块,否则执行ELSE语句后的语句或语句块;可以不带ELSE部分。

通过IF...ELSE语句的嵌套可以实现多重分支结构,即将一个IF...ELSE语句作为一个语句块嵌入另一个IF...ELSE语句的IF部分或者ELSE部分(嵌套的层数没有限制)。以下为一个三分支结构的示例:

```
DECLARE @grade INT
SET @grade = (SELECT grade FROM sc WHERE sno='200101' AND cno='003')
IF @grade>=90
    SELECT '成绩优秀'
ELSE
    IF @grade>=80
        SELECT '成绩良好'
    ELSE
        SELECT '成绩一般'
```

嵌套示例执行结果如图11-2所示。

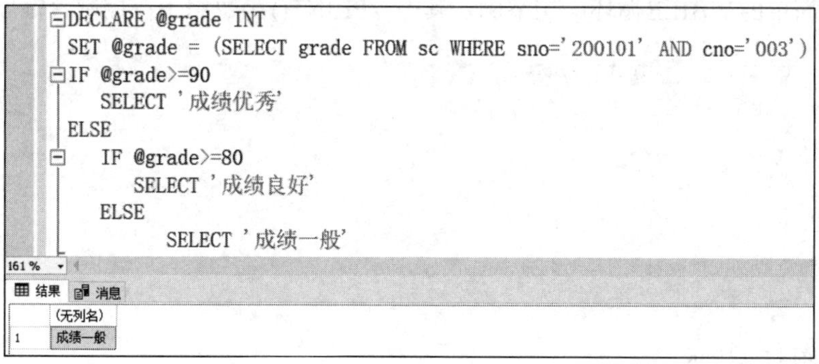

图11-2 IF...ELSE语句嵌套示例

(2) CASE语句:主要用于实现多重分支结构,可以设置多个条件用于选择执行路径。CASE语句的两种语法格式如下:

```
-- 语法结构1
CASE  输入表达式
    WHEN  表达式  THEN  结果表达式
    [ ,...n ]
    [ ELSE  结果表达式 ]
END
-- 语法结构2
CASE
    WHEN  条件表达式  THEN  结果表达式
    [ ,...n ]
    [ ELSE  结果表达式 ]
END
```

说明：① 语法结构1将输入表达式的值与WHEN...THEN语句中的表达式的值进行比较，如果为真就执行THEN后面的结果表达式，如果每一个WHEN...THEN语句都不满足条件，则执行ELSE关键字指定的结果表达式；② 语法结构2更加灵活，CASE关键字后面没有参数，直接在WHEN关键字后指定条件表达式，如果其值为真就执行结果表达式，如果每一个条件表达式的值都为假，则执行ELSE关键字指定的结果表达式。

4）循环结构

循环结构涉及循环语句、提前结束本次循环的CONTINUE语句和退出循环的BREAK语句。

（1）WHILE语句：循环结构指的是根据一定条件重复执行程序中的一部分语句的程序结构。SQL Server中循环结构的实现是WHILE语句。其语法格式如下：

```
WHILE  条件表达式
    { SQL 语句 | 语句块 }
```

说明：该结构与很多高级程序设计语言中的WHILE循环基本一致，当条件表达式的值为真时，执行单个SQL语句或者SQL语句块（即循环体）；条件表达式的值应该随着循环体的执行发生变化，最终使得循环正常结束，要避免出现死循环；WHILE循环语句也可以嵌套。

以下为一个简单的WHILE循环语句举例。其中，PRINT()函数用于在控制台输出变量@m的值。

```
DECLARE @m tinyint, @n tinyint
select @m=1, @n=5
WHILE @m<=@n
BEGIN
    PRINT(@m)
    SET @m=@m+1
END
```

执行结果如图11-3所示。

（2）CONTINUE语句：用于在循环体中提前结束本次循环，直接转到下一轮循环条件的检查。修改图11-3中的案例，当变量@m的值为偶数时，不输出它的值。

```
DECLARE @m tinyint, @n tinyint
```

```
select @m=1, @n=5
WHILE @m<=@n
BEGIN
    IF @m % 2 = 0
    BEGIN
        SET @m=@m+1
        CONTINUE
    END
    PRINT(@m)
    SET @m=@m+1
END
```

执行结果如图11-4所示。

（3）BREAK语句：用于结束当前循环语句的执行。修改图11-3涉及的示例，当变量@m的值大于3时，结束循环语句。

```
DECLARE @m tinyint, @n tinyint
select @m=1, @n=5
WHILE @m<=@n
BEGIN
    IF @m>3
        BREAK
    PRINT(@m)
    SET @m=@m+1
END
```

执行结果如图11-5所示。

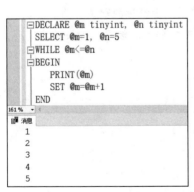

图11-3 WHILE循环语句示例

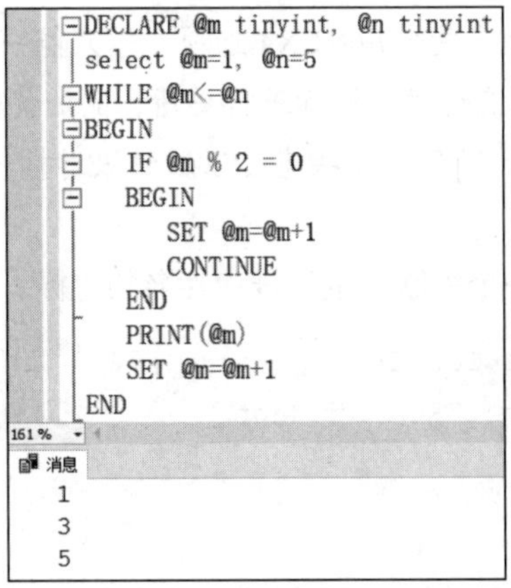

图11-4 CONTINUE语句示例

图11-5 BREAK语句示例

5）返回语句

返回语句使用RETURN关键词实现，其作用有两个：一是在批处理或语句块中无条件退出程序，不执行RETURN语句后面的内容；二是在函数和存储过程中返回值。其语法格式如下：

```
RETURN [ 返回值 ]
```

说明：用于无条件退出程序时不需要返回值；在函数中，返回值必须是函数指定类型的对象；在存储过程中，只能返回整数值，一般返回0表示执行成功，返回非0则表示失败。

在图11-5所示的案例中，读者可以将BREAK语句替换为RETURN语句并对比输出内容是否有变化。

3. 游标

当一条查询语句返回多条记录时，当前所学内容无法对结果集中的数据逐行进行处理。在这种情况下就需要使用游标（CURSOR）实现逐行处理结果集中的数据。使用游标需要遵循如下顺序：声明游标、打开游标、读取数据、关闭游标和删除游标。

1）声明游标

在SQL-92标准中，游标的语法格式如下：

```
DECLARE 游标名称 [ INSENSITIVE ] [ SCROLL ] CURSOR
    FOR 查询语句
    [ FOR { READ ONLY | UPDATE [ OF 列名 [ ,...n ] ] } ]
```

说明：

（1）查询语句的结果集是所声明游标的数据来源。

（2）INSENSITIVE选项指定游标使用的是结果集的临时副本（来自tempdb数据库），此时的游标不能修改数据，对相关基本表的修改不会反映在游标提取的数据中。

（3）不指定INSENSITIVE选项，则任何对相关基本表的删除和更新操作的结果都会反映在后面的提取操作中。

（4）SCROLL选项指定所有的提取选项（FIRST、LAST、PRIOR、NEXT、RELATIVE和ABSOLUTE）均可用，此时的游标就像一个指针变量一样，可以改变指向的地址，从而可以灵活地提取数据。

（5）不指定SCROLL选项，则只能使用NEXT选项，即只能一行一行地读取数据。

（6）READ ONLY选项指定不能通过该游标进行更新，它的优先级高于游标的默认行为。

（7）UPDATE [OF 列名 [,...n]]则用于指定可以通过该游标修改哪些列的数据，如果不指定列，则可以修改所有列。

以下是一个简单示例，声明一个关联学生学号和姓名的游标。

```
DECLARE stuCursor SCROLL CURSOR
    FOR SELECT sno, sname FROM student
    FOR READ ONLY
```

2）打开游标

声明游标后，还需要使用OPEN关键字打开游标。其语法格式如下：

```
OPEN 游标名
```

说明：打开游标之后，可以使用全局变量@@CUROSR_ROWS来获取游标中数据记录的数目。打开游标stuCursor并输出@@CURSOR_ROWS的值，代码如下：

```
DECLARE stuCursor SCROLL CURSOR
    FOR SELECT sno, sname FROM student
    FOR READ ONLY

OPEN stuCursor
PRINT(@@CURSOR_ROWS)
```

执行结果如图11-6所示，可以发现一共有18名学生。

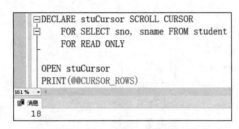

图 11-6　打开游标并输出数据行数

3）提取数据

打开游标后，使用FETCH从中读取数据记录的语法格式如下：

```
FETCH
  [[ NEXT | PRIOR |
     FIRST | LAST |
     ABSOLUTE 整型常量或变量 |
     RELATIVE 整型常量或变量 ]
   FROM ]
游标名
[ INTO @变量名 [ , ...n ] ]
```

说明：

（1）若不适用提取选项，直接使用"FETCH 游标名"等价于"FETCH NEXT FROM 游标名"。

（2）打开游标后，如果没有执行过FETCH语句，则游标的当前位置在第一行数据的前面。

（3）NEXT选项表示读取下一行。

（4）PRIOR选项表示读取上一行（若为第一次提取则没有返回数据）。

（5）FIRST选项表示读取第一行。

（6）LAST选项表示读取最后一行。

（7）ABSOLUTE选项根据指定的整数n提取数据，为正数则提取游标开始的第n行，为负数则提取游标结束之前的第n行，为0则没有返回数据。

（8）RELATIVE选项根据指定的整数n和游标的当前位置提取数据，为正数则提取当前行之后的第n行，为负数则提取当前行之前的第n行，为0则提取当前行。

（9）INTO语句，用于将提取的行中的数据按顺序存放到指定的变量中，数据行的列数与变量数目必须相同。

（10）每执行一次FETCH操作，其执行状态会存储在全局变量@@FETCH_STATUS中，0表示执行成功，否则表示失败。

以下为一个验证各个提取选项功能的示例：

```
DECLARE stuCursor SCROLL CURSOR
    FOR SELECT sno, sname FROM student
    FOR READ ONLY

OPEN stuCursor
FETCH stuCursor                          -- 提取第1行
FETCH stuCursor                          -- 提取第2行
FETCH NEXT FROM stuCursor                -- 提取第3行
FETCH PRIOR FROM stuCursor               -- 提取第2行
FETCH FIRST FROM stuCursor               -- 提取第1行
FETCH LAST FROM stuCursor                -- 提取第18行
FETCH ABSOLUTE 15 FROM stuCursor         -- 提取第15行
FETCH ABSOLUTE -15 FROM stuCursor        -- 提取倒数第15行
FETCH ABSOLUTE 0 FROM stuCursor          -- 没有数据，游标位于第1行之前
FETCH RELATIVE 11 FROM stuCursor         -- 提取第11行
FETCH RELATIVE 2 FROM stuCursor          -- 提取第13行
FETCH RELATIVE -5 FROM stuCursor         -- 提取第8行
FETCH RELATIVE 0 FROM stuCursor          -- 提取第8行

DECLARE @sno varchar(10), @sname nvarchar(20)
FETCH NEXT FROM stuCursor INTO @sno,@sname  -- 提取第9行并存入变量
SELECT @sno, @sname
```

提取结果如图11-7所示。

图11-7　提取选项示例

4）关闭和删除游标

关闭游标使用 CLOSE 关键字，它会释放与结果集相关联的资源，但并不会删除游标本身或释放游标所占用的所有内存。关闭游标之后，仍然可以使用 OPEN 关键字重新打开它。

删除游标使用 DEALLOCATE 关键字，释放游标所占用的所有系统资源，并删除游标本身。游标被删除后就不能重新打开，必须再次声明。在删除游标之前，应该确保已经关闭了游标，以避免潜在的资源泄露问题。

关闭和删除游标的语法格式如下：

```
-- 关闭游标
CLOSE 游标名
-- 删除游标
DEALLOCATE 游标名
```

关闭并删除前面声明并打开的游标 stuCursor：

```
-- 关闭游标
CLOSE stuCursor
-- 删除游标
DEALLOCATE stuCursor
```

执行结果如图 11-8 所示。

图 11-8　关闭并删除游标 stuCursor

4. 函数

与许多高级程序设计语言类似，SQL 函数也是一组语句的集合，用于完成特定的功能。SQL 函数的输入参数是可选的，但必须有返回值。

根据函数返回值的类型，SQL Server 的函数可以分为行集函数和标量函数。行集函数返回的对象可以在 SQL 语句中作为数据表使用，标量函数的输入值和输出值则均为基本类型。由于行集函数涉及表类型变量，较为复杂，本书仅介绍常用的系统标量函数，以及用户自定义标量函数的创建与使用。

1）常用的系统函数

（1）ABS() 函数：返回数值型表达式的绝对值。语法格式如下：

```
ABS ( 数值表达式 )
```

（2）RAND() 函数：根据一个整型"种子"（未指定则随机选取），返回 0 到 1 之间的一个随机浮点数。语法格式如下：

```
RAND ( [ 种子 ] )
```

（3）UPPER() 函数：将字符串中的小写字母转为大写字母。语法格式如下：

```
UPPER ( 字符串表达式 )
```

（4）LOWER() 函数：将字符串中的大写字母转为小写字母。语法格式如下：

```
LOWER ( 字符串表达式 )
```

（5）LTRIM()函数：删除字符串中的前导空格。语法格式如下：

```
LTRIM( 字符串表达式 )
```

（6）RTRIM()函数：删除字符串中的尾部空格。数据类型为固定长度字符串的列中的数据尾部，通常含有空格，使用时可以用该函数去掉这些空格。语法格式如下：

```
RTRIM( 字符串表达式 )
```

（7）STR()函数：将整数或浮点数转换为字符串，该函数可能返回固定长度的字符串并用空格填充左侧或右侧以达到该长度。语法格式如下：

```
STR( 数值表达式 [ , 字符串长度 [ , 小数点右侧的位数 ] ] )
```

说明：返回值类型为varchar，字符串长度默认为10，小数尾数默认为0。

（8）LEFT()函数：从字符串的左侧开始提取指定数量的字符（类型为varchar），并且不会忽略空格。语法格式如下：

```
LEFT( 字符串表达式 , 整数表达式 )
```

（9）RIGHT()函数：从字符串的右侧开始提取指定数量的字符（类型为varchar），并且不会忽略空格。语法格式如下：

```
RIGHT( 字符串表达式 , 整数表达式 )
```

（10）REPLACE()函数：用于在字符串中使用特定字符串替换指定的子字符串。语法格式如下：

```
REPLACE( 字符串表达式1 , 字符串表达式2 , 字符串表达式3)
```

说明：用字符串表达式3替换字符串表达式1中包含的字符串表达式2，并返回替换后的结果；若字符串表达式1不包含字符串表达式2，则返回字符串表达式1。

（11）SUBSTRING()函数：用于从字符串中提取子字符串。语法格式如下：

```
SUBSTRING( 字符串表达式 , 起始 , 长度 )
```

说明：在字符串中，由参数"起始"指定的位置开始，截取由参数"长度"指定长度的子字符串。

（12）LEN()函数：用于返回字符串中的字符数（不包括尾随空格）。语法格式如下：

```
LEN( 字符串表达式 )
```

（13）GETDATE()函数：返回当前系统的日期和时间（数据类型为datetime）。语法格式如下：

```
GETDATE()
```

（14）YEAR()、MONTH()、DAY()函数：分别用于从指定日期中获取年、月、日的部分，返回类型为整数。语法格式如下：

```
YEAR( 日期 )
MONTH( 日期 )
DAY( 日期 )
```

（15）CAST()和CONVERT()函数：这两个函数均用于实现数据类型的转换，转换过程中的目标数据类型不能是用户自定义类型。常见的数据类型转换包括：日期型与字符型互相转换、数值型（包含货币类型）转换为字符串。

语法格式如下：

```
CAST(表达式 AS 数据类型 [（长度）])
CONVERT(数据类型 [（长度）], 表达式 [, 样式])
```

说明： 上述两个函数都是将表达式的值转换为指定的数据类型；CAST()函数不能指定转换的具体格式，但CONVERT()函数可以通过可选的参数"样式"指定格式，包括日期与字符串互相转换时日期的具体格式，以及数值型转换为字符串时是否采用科学计数法及其长度、小数点后的数字个数是否用每三位用逗号隔开。

2）用户自定义函数

当系统提供函数无法满足特定的功能需求时，用户可以自行定义函数以实现指定的功能。使用CREATE FUNCTION语句创建自定义函数的语法格式如下：

```
CREATE [ OR ALTER ] FUNCTION 函数名
( [ { @形参名 [ AS ] 数据类型 [ = 默认值 ] [ READONLY ] } [ , ...n ] ] )
RETURNS 返回值类型
[ AS ]
BEGIN
    函数体
    RETURN 标量表达式
END
```

说明：

（1）OR ALTER的作用与创建视图时的作用一样，当指定函数名的函数已经存在时，将对其进行更改，而不是新建一个函数。

（2）参数的声明与变量的声明一样，还可以定义默认参数值。

（3）READONLY选项表示不能在函数内部修改参数，此外，一个函数可以没有输入参数。

（4）RETURNS关键字用于指定函数返回值的类型，RETURN后面的标量表达式的值必须与函数返回值类型兼容。

（5）函数体通常是一组SQL语句。

11.3 实验内容

编写过程化SQL语句完成以下操作：

（1）将字符串"Welcome to SQL"赋值给一个变量，利用UPPER()函数将其转换为大写字母后输出。

SQL 语句：

```
DECLARE @str varchar(20)
SET @str = 'Welcome to SQL'
PRINT(UPPER(@str))
```

执行结果如图 11-9 所示。

（2）获取 student 表中学生的人数，并将其输出。

SQL 语句：

```
DECLARE @stu_count tinyint
SELECT @stu_count=COUNT(*) FROM student
PRINT('student表中共有' + CAST(@stu_count as varchar(3)) + '名学生')
```

执行结果如图 11-10 所示。

```
DECLARE @str varchar(20)
SET @str = 'Welcome to SQL'
PRINT(UPPER(@str))
消息
WELCOME TO SQL
```

图 11-9　步骤（1）执行结果

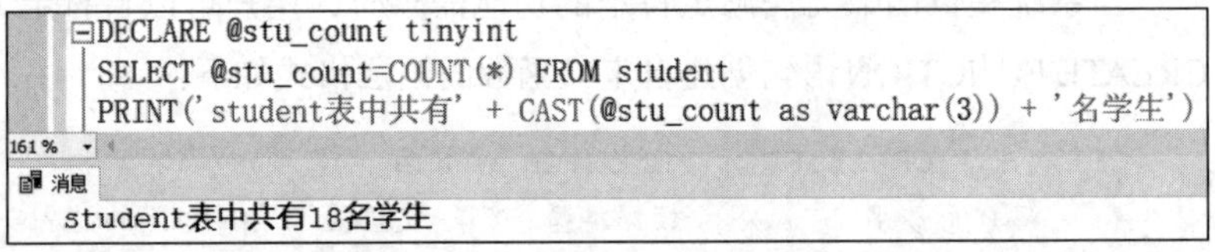

```
DECLARE @stu_count tinyint
SELECT @stu_count=COUNT(*) FROM student
PRINT('student表中共有' + CAST(@stu_count as varchar(3)) + '名学生')
消息
student表中共有18名学生
```

图 11-10　步骤（2）执行结果

（3）查询 200101 号学生的平均成绩，如果平均成绩超过了 85 分，则输出"×××考得不错"，否则输出"该生考得一般"。

SQL 语句：

```
DECLARE @sno varchar(10), @sname varchar(10)
set @sno='200101'
IF (SELECT AVG(grade) FROM sc WHERE sno='200101') > 85
    BEGIN
        SELECT @sname = sname FROM student WHERE sno=@sno
        PRINT(@sname + '考得不错')
    END
ELSE
    PRINT('该生考得一般')
```

执行结果如图 11-11 所示。

（4）查询所有院系的学生人数，列出院系名称和学生人数，并利用 CASE 语句向结果集中增加一列"院系规模"，若人数大于 4 则为"规模很大"，若大于 2 则为"规模一般"，其他则为"规模较小"。

SQL 语句：

```
SELECT sdept,
    CASE
```

```
            WHEN COUNT(*) > 4 THEN '规模很大'
            WHEN COUNT(*) > 2 THEN '规模一般'
            ELSE '规模较小'
        END AS '院系规模'
FROM student
GROUP BY sdept
```

执行结果如图11-12所示。

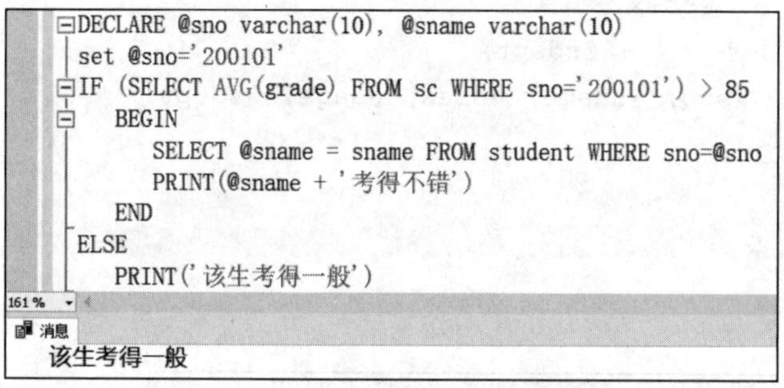

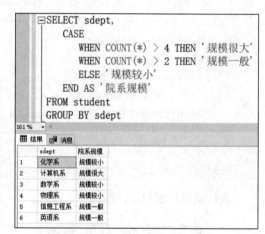

图11-11 步骤（3）执行结果　　　　图11-12 步骤（4）执行结果

（5）计算001号课程的平均成绩，如果平均成绩小于80分，则给该课程成绩小于95分的学生增加5分，循环结束后输出课程号与平均成绩。

SQL语句：

```
WHILE (SELECT AVG(grade) FROM sc WHERE cno='001')<80
    UPDATE sc SET grade=grade+5 WHERE grade<95 AND cno='001'

SELECT cno, AVG(grade) FROM sc WHERE cno='001' GROUP BY cno
```

执行结果如图11-13所示。

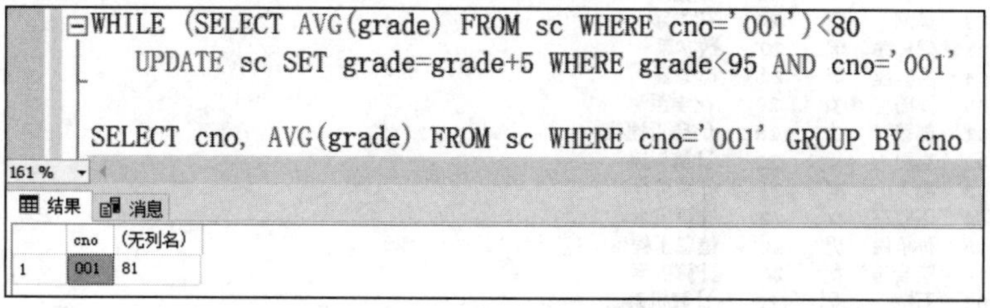

图11-13 步骤（5）执行结果

（6）定义一个包含所有学生的学号、姓名、性别、年龄和院系的游标，在此基础上使用WHILE循环语句输出这些信息。

SQL 语句:

```
DECLARE @sno char(7), @sname char(7), @ssex char(2),
       @sage tinyint, @sdept char(10)
DECLARE stu_cursor CURSOR
   FOR SELECT sno, sname, ssex, sage, sdept FROM student
OPEN stu_cursor
FETCH NEXT FROM stu_cursor INTO @sno, @sname, @ssex, @sage, @sdept
PRINT('学号     姓名    性别   年龄   院系')
PRINT('---------------------------------')
WHILE @@FETCH_STATUS=0
BEGIN
   PRINT(@sno + ' ' + @sname + ' ' + @ssex + '    '
       + CAST(@sage AS char(2)) + '   ' + @sdept)
   FETCH NEXT FROM stu_cursor INTO @sno, @sname, @ssex, @sage, @sdept
END
CLOSE stu_cursor
DEALLOCATE stu_cursor
```

执行结果如图 11-14 所示。

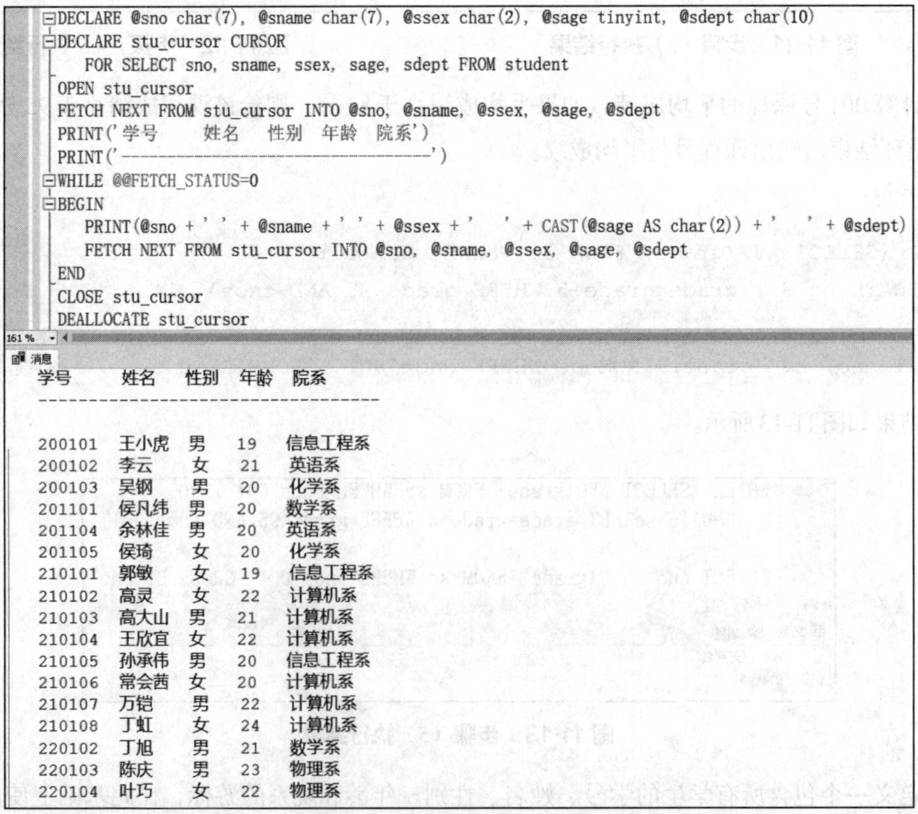

图 11-14 步骤（6）执行结果

（7）定义一个函数，实现计算某个学生的平均成绩的功能，输入参数为学号，输出对应的平均成绩（取整），如果该学生没有选课或者所选课程均没有录入成绩则返回-1，若仅有一门课有成绩则返回-2。

SQL 语句：

```
CREATE FUNCTION stu_avg_g (@sno char(10)) RETURNS int
AS
BEGIN
    DECLARE @c_cnt int, @g_avg int
    SELECT @c_cnt=COUNT(cno) FROM sc WHERE sno=@sno AND grade IS NOT NULL

    IF @c_cnt=0
       @g_avg=-1
    ELSE
       IF @c_cnt=1
          @g_avg=-1
       ELSE
          SELECT @g_avg=AVG(grade) FROM sc WHERE sno=@sno
    RETURN @g_avg
END
GO
PRINT(dbo.stu_avg_g('200101'))
```

执行结果如图 11-15 所示，调用函数时必须显式地给出函数所属的架构，否则会出错并提示"找不到对象"。

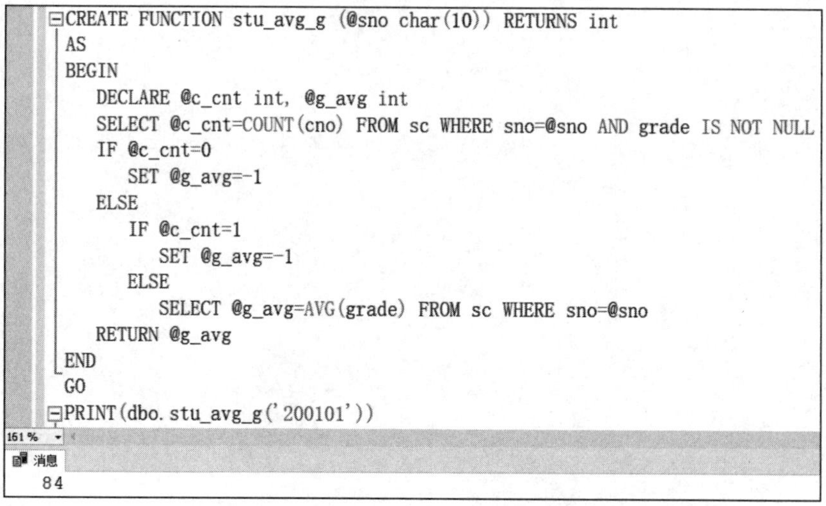

图 11-15 步骤（7）执行结果

11.4 设计题

（1）获取008号课程的课程名，并利用LEN()函数获取课程名的长度，然后利用CONVERT()函数将其转换为字符串，最后使用PRINT()函数将其输出。

（2）查询210102号学生的平均成绩，如果高于89分则输出"优秀"，如果高于79分则输出"良好"，如果高于59则输出"及格"，其他情况均输出"不及格"，使用IF...ELSE语句实现这项功能。

（3）使用CASE语句实现设计题（2）描述的功能。

（4）使用WHILE循环计算10的阶乘。

（5）定义一个包含院系名称的游标，然后使用WHILE循环遍历所有的院系名称，在循环体中输出院系名称和该院系的学生人数。

（6）定义一个函数，实现计算某门课程平均成绩的功能，输入参数为课程号，输出对应的平均成绩（取整），如果该课程没有学生选修或者有学生选修但都没有录入成绩则返回-1，若仅有一名学生录入成绩则返回-2。

第 12 章 存储过程与触发器

12.1 实验目的

（1）了解存储过程的创建与调用。
（2）了解触发器的原理与基本用法。

12.2 课程内容与语法要点

与函数类似，存储过程也是封装了一组 SQL 语句，用于实现特定功能的一种数据库对象。但二者的侧重点有所不同（在使用时需要根据实际情况进行选择），它们在以下四个方面存在差异。

（1）用途：存储过程主要用于封装复杂的业务逻辑或重复使用的代码段，函数则主要用于执行简单的计算或转换并返回一个值。

（2）返回值：存储过程只能返回一个用于指示执行状态的整数，函数必须有返回值，它既可以是标量，也可以是表类型对象。

（3）执行方式：存储过程通过 EXECUTE（EXEC）关键字直接调用，函数则必须不能直接调用，需要嵌入其他 SQL 语句中使用。

（4）内部支持的操作：存储过程内部支持定义数据（如 CREATE、ALTER、DROP 等操作）和操作数据（如 INSERT、DELETE、UPDATE、SELECT 等操作），同时支持开始、提交或回滚事务，函数内部则只能执行查询语句且不支持事务。

不同于函数和存储过程，触发器具有独特的运行逻辑：在定义触发器时，需要将其与某个数据表上的某种数据更新操作或某种数据定义操作关联起来；当关联的数据更新或数据定义操作发生时，会自动激活触发器的执行。触发器的主要作用是保护数据或数据库对象，尤其适用于实现某些具有复杂业务逻辑的完整性约束。

1. 存储过程

存储过程主要分为系统存储过程和用户存储过程。前者是由 SQL Server 平台提供的存储过程，可以直接调用，其命名前缀是"sp_"（例如前面使用过的用于查看文本定义的 sp_helptext 以及查看数据表上索引内容的 sp_helpindex）。后者则属于用户定义的存储过程，主要用于实现用户需要的业务逻辑。

1）创建存储过程

创建存储过程的语法格式如下：

```
CREATE [ OR ALTER ] { PROC | PROCEDURE } 存储过程名
    [ { @形参名 数据类型 } [ NULL | NOT NULL ] [ = 默认值 ]
        [ OUT | OUTPUT ] [READONLY]
    ] [ ,... n ]
AS
{ SQL 语句 | 语句块 }
```

说明：

（1）OR ALTER 的作用与创建函数时的作用一样，当指定名称的存储过程已经存在时，将对其进行更改，而不是新建一个。

（2）PROC 是 PROCEDURE 的简写。

（3）所有的数据类型（含用户自定义数据类型）都可以用作参数，表类型参数只能用于输入（须设置 READONLY 选项），游标类型参数只能用于输出参数（须设置 OUTPUT 选项）。

（4）[NULL | NOT NULL] 选项用于确定参数中是否允许空值，NULL 为默认选项。

（5）可以为参数设置默认值，默认值必须是 NULL 或常量，字符串参数的默认值可以是模式匹配字符串（可在存储过程内部与 LIKE 关键字一起使用）。

（6）OUT 与 OUTPUT 意义相同，用于指定该参数为输出参数，即在存储过程内部赋值，存储过程结束后仍然可以使用。

（7）存储过程对参数的数目没有限制，可以没有，也可以有多个。

（8）当存储过程包含多条语句时，必须作为语句块。

2）修改存储过程

当需要修改现有存储过程的定义时，将 CREATE 关键字替换为 ALTER 即可（此时不需要 OR ALTER），其他内容与创建存储过程一致。

3）执行存储过程

执行 EXECUTE 关键字执行存储过程。其语法格式如下：

```
{ EXECUTE | EXEC } [ [ @返回状态 = ] { 存储过程名 | @存储过程名变量 }
    [ [ @形参名 = ] { 值 | @变量名 [ OUTPUT ] | [ DEFAULT ] }
        [ ,...n ]
    ]
```

说明：

（1）@返回状态必须是一个整型变量，用于保存存储过程的返回状态（RETURN 语句返回），即使存储过程内部没有 RETURN 语句，系统也会为其返回一个整数，0 表示执行成功，非 0 表示出错。

（2）存储过程名可以由一个字符串变量表示。

（3）给存储过程传递参数时，可以指定形参名（每一个参数都要指定），此时参数的顺序可以与定义中的顺序不一致，若省略形参名，则参数的顺序必须与定义中的顺序一致。

（4）OUTPUT选项指示该参数为输出参数，只有与定义中的输出参数对应的实参才可以设置该选项。

（5）DEFAULT表示不提供该参数的实参，而是使用定义中对应的默认值。

4）删除存储过程

使用DROP关键字删除存储过程。其语法格式如下：

```
DROP { PROC | PROCEDURE } [ IF EXISTS ] { 存储过程名 } [ ,...n ]
```

说明：

（1）IF EXISTS选项用于避免指定存储过程不存在时出现的"对象不存在"错误。

（2）一次可以删除多个存储过程。

2. 触发器

根据激活触发器的事件，可以将触发器分为两类：一类是数据操作触发器；另一类是数据定义触发器。在实际应用中，第一类触发器用得比较多，主要用于实现一些特殊的数据完整性约束。

1）数据操作触发器

当发生针对数据表或视图中的数据的操作时，可以激活相应的触发器，触发事件包括INSERT语句、UPDATE语句以及DELETE语句的执行。

（1）创建触发器。创建针对INSERT语句、UPDATE语句以及DELETE语句的语法格式如下：

```
CREATE TRIGGER 触发器名 ON { 表名 | 视图名 }
[FOR | AFTER | INSTEAD OF]
{
    [INSERT[,] UPDATE[,] DELETE]
}
AS
{ SQL 语句 | 语句块 }
```

说明：

① 可以针对数据表或者视图创建触发器。

② AFTER选项仅适用于数据表，指定触发器在INSERT、UPDATE或DELETE操作完成后执行，FOR选项与AFTER选项含义相同，可用于向前兼容。

③ 可以针对一个数据表创建多个类型的AFTER触发器。

④ INSTEAD OF选项指定用触发器中的操作代替激活触发器的操作（即不执行激活操作，而执行触发器），最多可以为INSERT语句、UPDATE语句以及DELETE语句创建一个INSTEAD OF触发器，不能针对带WITH CHECK OPTION选项的可更新视图定义INSTEAD OF触发器。

⑤ 如果关联了触发器的数据表上存在约束，则在INSTEAD OF触发器执行之后以及AFTER触发器执行之前检查这些约束。若违背了约束，则回滚INSTEAD OF触发器的操作，不执行AFTER触发器。

⑥ [INSERT[,] UPDATE[,] DELETE]选项用于指定激活触发器的操作类型，可以一次指定多个数据操作类型。

⑦ 触发器内部可以包含任何有效的SQL语句。

⑧ 在数据操作触发器内部有 inserted 和 deleted 两个临时表可以使用，前者用于存储新数据（INSERT 语句插入的数据和 UPDATE 语句更新后的数据），后者用于存储旧数据（DELETE 语句删除的数据和 UPDATE 语句更新前的数据）。

（2）修改触发器：将 CREATE 关键字改为 ALTER 即可，其他内容与创建触发器一致。

（3）删除触发器。其语法格式如下：

```
DROP TRIGGER [ IF EXISTS ] 触发器名 [ ,...n ]
```

说明：一次可以删除多个触发器。

此外，由于数据操作触发器是关联于数据表或视图的，当数据表被删除时，相关联的触发器也一并被删除。

2）数据定义触发器

顾名思义，该触发器的触发事件是数据定义语句的执行，包括分别以 CREATE、ALTER 和 DROP 关键字开头的创建、修改和删除数据库对象的操作。数据定义触发器的主要作用包括记录或审核数据库结构的更改、阻止对数据库结构的某些更改、执行与数据库结构更改相关的自动化任务。

（1）创建触发器。语法格式如下：

```
CREATE [ OR ALTER ] TRIGGER 触发器名
ON { ALL SERVER | DATABASE }
{ FOR | AFTER }
{ 事件类型 | 事件组 } [ ,...n ]
AS
{ SQL 语句 | 语句块 }
```

说明：

① OR ALTER 的作用与创建数据操作触发器的作用一样。

② ALL SERVER 选项表示该触发器的作用域是当前服务器，DATABASE 选项则表示作用域仅限于当前数据库。

③ FOR 或 AFTER 指触发操作执行完成后，触发器才开始执行。

④ 事件类型指的是执行后将激活触发器的事件名称，常见的事件有 CREATE_TABLE、ALTER_TABLE、DROP_TABLE、CREATE_VIEW、ALTER_VIEW、CREATE_RULE、DROP_RULE 和 CREATE_FUNCTION 等（详细列表可以查看 SQL Server 文档）。

⑤ 事件组是一组预定义的事件分组的名称（服务器级别的事件），只能用于 ALL SERVER 选项，如 CREATE_DATABASE 事件。

⑥ 一个触发器可以针对多个数据定义事件。

（2）修改触发器：将 CREATE 关键字改为 ALTER 即可，其他内容与创建触发器一致。

（3）删除触发器。其语法格式如下：

```
DROP TRIGGER [ IF EXISTS ] 触发器名 [ ,...n ]
    ON { DATABASE | ALL SERVER }
```

说明：一次可以删除同一个作用域中的多个触发器。

12.3 实验内容

利用存储过程和触发器完成以下操作：

（1）使用存储过程查询指定姓氏的学生信息，若不指定具体姓氏，则默认查询姓李的学生。

SQL 语句：

```
CREATE OR ALTER PROCEDURE stu_surname
    @surname nvarchar(10) = N'李'
AS
BEGIN
    DECLARE @pstr nvarchar(10)
    SET @pstr=@surname+N'%'
    SELECT * FROM student WHERE sname LIKE @pstr
END
GO
-- 测试
EXEC stu_surname
EXEC stu_surname N'王'
```

查询结果如图 12-1 所示。

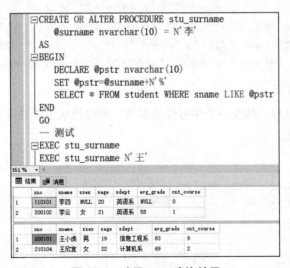

图 12-1 步骤（1）查询结果

（2）创建一个用于添加学生信息的存储过程，使用学生的信息（学号、姓名、性别、年龄，院系）作为参数，插入数据之前要检查学号是否存在，若不存在则执行插入操作并返回 0，否则返回 1。

SQL 语句：

```
CREATE OR ALTER PROCEDURE insert_stu
    @sno char(10),
```

```
        @sname nchar(15),
        @ssex nchar(1),
        @sage tinyint,
        @sdept nvarchar(10)
AS
BEGIN
    DECLARE @ret int
    IF NOT EXISTS(SELECT * FROM student WHERE sno=@sno)
        BEGIN
            INSERT INTO student(sno,sname,ssex,sage,sdept)
                        VALUES(@sno,@sname,@ssex,@sage,@sdept)
            SET @ret=0
        END
    ELSE
        SET @ret=1
    RETURN @ret
END
GO
-- 测试
DECLARE @ret1 int, @ret2 int, @ret3 int
EXEC @ret1=insert_stu @sdept=N'数学系', @sage=25, @ssex=N'男',
                      @sname=N'丁义', @sno='220105'
EXEC @ret2=insert_stu '220106', N'张小雨', N'女', 20, N'英语系'
EXEC @ret3=insert_stu '220106', N'吴文', N'男', 19, N'数学系'
SELECT  @ret1 AS '返回值1', @ret2 '返回值2', [返回值3]=@ret3
```

执行结果如图12-2所示。

（3）创建一个存储过程，接收一个学号作为参数，删除该学生所选课程中没有设置成绩的选课记录并返回受影响的行数。

SQL语句：

```
CREATE OR ALTER PROCEDURE del_sc
    @sno char(10)
AS
BEGIN
    DECLARE @cnt int
    SET @cnt=0
    SELECT @cnt=COUNT(*) FROM sc WHERE sno=@sno AND grade IS NULL
    IF @cnt>0
        DELETE FROM sc WHERE sno=@sno AND grade IS NULL
    RETURN @cnt
END
GO
```

```
-- 测试
DECLARE @cnt1 int, @cnt2 int
EXEC @cnt1=del_sc '201105'
EXEC @cnt2=del_sc '200101'
SELECT  @cnt1 AS '返回值1', @cnt2 AS '返回值2'
```

执行结果如图12-3所示。

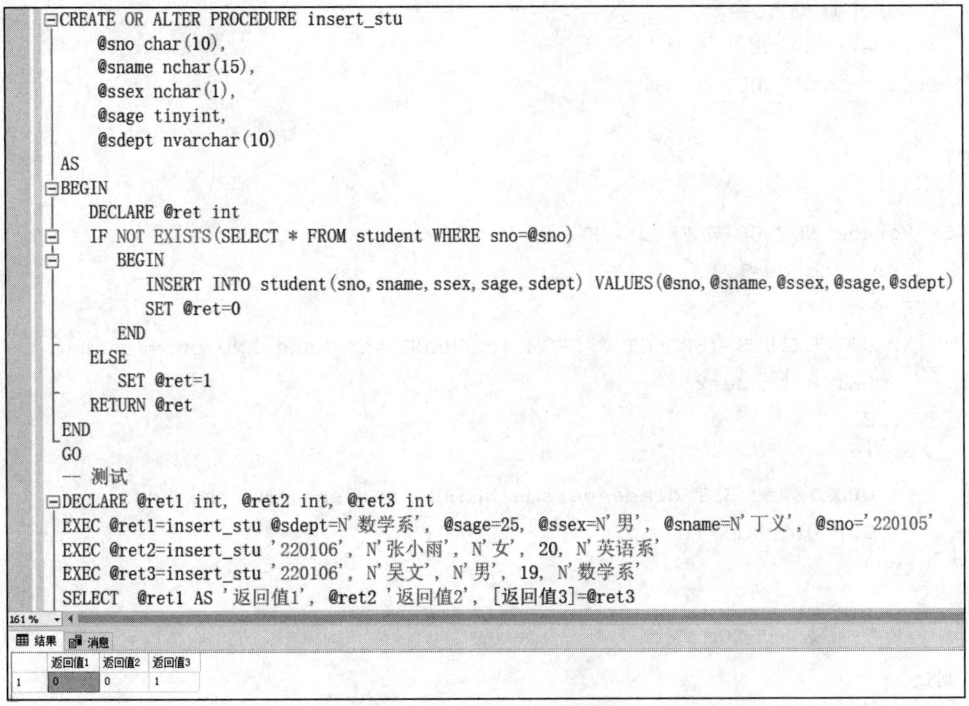

图 12-2 步骤（2）执行结果

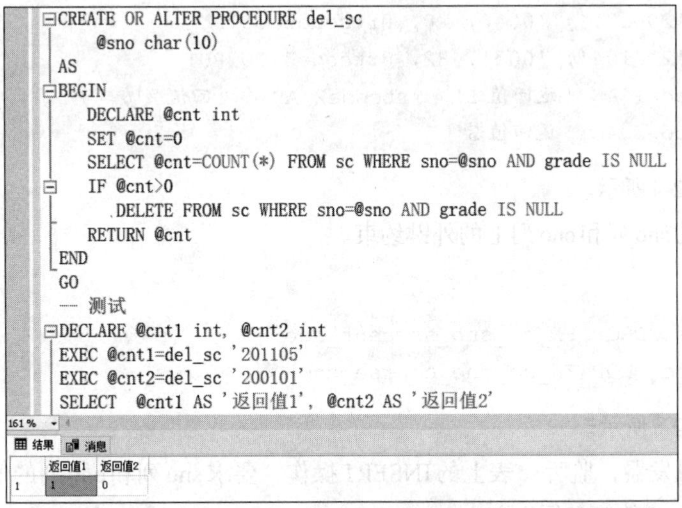

图 12-3 步骤（3）执行结果

（4）创建一个用于设置成绩存储过程，接收一个学号、一个课程号、一个成绩和一个整型状态值（OUTPUT 参数）共计四个参数。如果输入成绩小于 0 或大于 100，则状态值为 1；如果 sc 表中没有该学生选修指定课程的信息，则状态值为 2；否则，为该选课记录设置参数指定的成绩并设置状态值为 0。

SQL 语句：

```
CREATE OR ALTER PROCEDURE upd_sc
    @sno char(10),
    @cno char(3),
    @grade tinyint,
    @rtcode int OUTPUT
AS
BEGIN

    IF @grade NOT BETWEEN 0 AND 100
        SET @rtcode=1
    ELSE
        IF NOT EXISTS (SELECT * FROM sc WHERE sno=@sno AND cno=@cno)
            SET @rtcode=2
        ELSE
        BEGIN
            UPDATE sc SET grade=@grade WHERE sno=@sno AND cno=@cno
            SET @rtcode=0
        END
END
GO
-- 测试
DECLARE @rtcode1 int, @rtcode2 int, @rtcode3 int
EXEC upd_sc '200101', '001', 130, @rtcode1 OUTPUT
EXEC upd_sc '200101', '004', 70, @rtcode2 OUTPUT
EXEC upd_sc '210104', '005', 82, @rtcode3 OUTPUT
SELECT  @rtcode1 AS '返回值1', @rtcode2 AS '返回值2',
        @rtcode3 AS '返回值3'
```

执行结果如图 12-4 所示。

（5）删除 sc 表的 sno 列和 cno 列上的外键约束。

SQL 语句：

```
ALTER TABLE sc DROP FK_sc_sno_student_sno
ALTER TABLE sc DROP FK_sc_cno_course_cno
```

执行结果如图 12-5 所示。

（6）创建一个触发器，监听 sc 表上的 INSERT 操作，要求 sno 列和 cno 列的值分别来自 student 表和 course 表，且 grade 列的值必须为空。

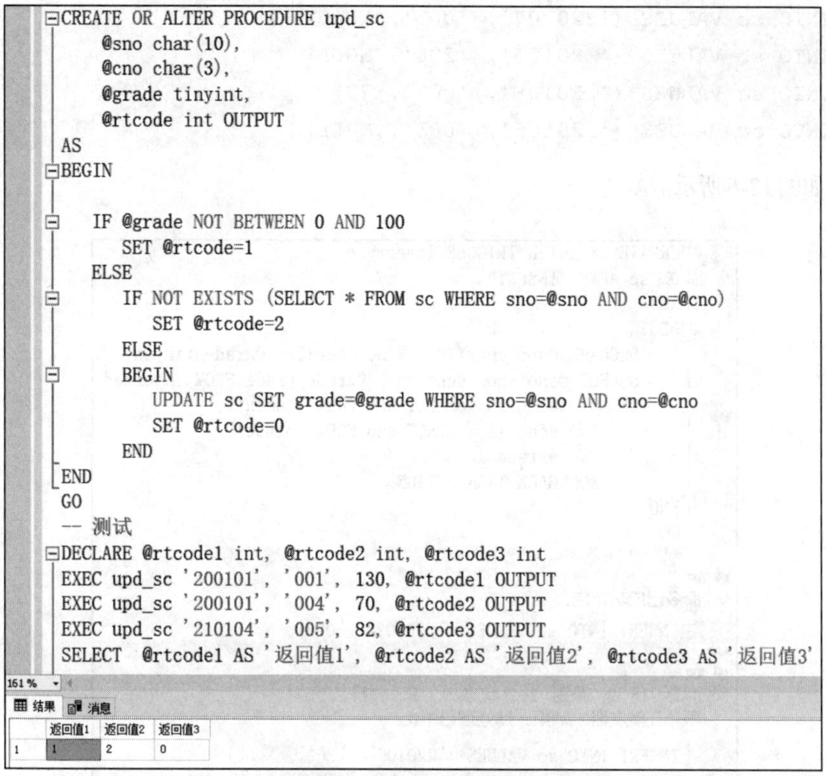

```
CREATE OR ALTER PROCEDURE upd_sc
    @sno char(10),
    @cno char(3),
    @grade tinyint,
    @rtcode int OUTPUT
AS
BEGIN
    IF @grade NOT BETWEEN 0 AND 100
        SET @rtcode=1
    ELSE
        IF NOT EXISTS (SELECT * FROM sc WHERE sno=@sno AND cno=@cno)
            SET @rtcode=2
        ELSE
        BEGIN
            UPDATE sc SET grade=@grade WHERE sno=@sno AND cno=@cno
            SET @rtcode=0
        END
END
GO
-- 测试
DECLARE @rtcode1 int, @rtcode2 int, @rtcode3 int
EXEC upd_sc '200101', '001', 130, @rtcode1 OUTPUT
EXEC upd_sc '200101', '004', 70, @rtcode2 OUTPUT
EXEC upd_sc '210104', '005', 82, @rtcode3 OUTPUT
SELECT @rtcode1 AS '返回值1', @rtcode2 AS '返回值2', @rtcode3 AS '返回值3'
```

返回值1	返回值2	返回值3
1	2	0

图 12-4 步骤（4）执行结果

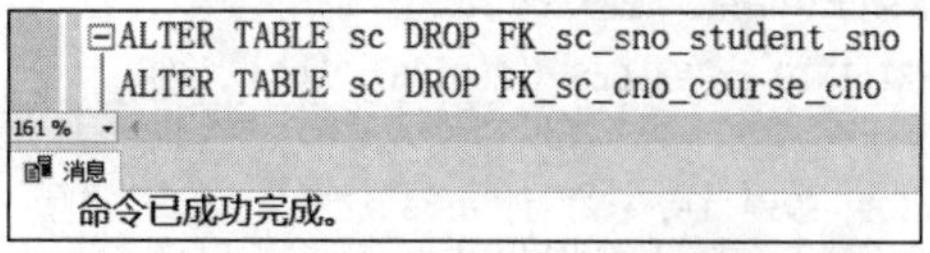

```
ALTER TABLE sc DROP FK_sc_sno_student_sno
ALTER TABLE sc DROP FK_sc_cno_course_cno
```
命令已成功完成。

图 12-5 步骤（5）执行结果

SQL 语句：

```
CREATE OR ALTER TRIGGER insert_sc
ON sc AFTER INSERT
AS
BEGIN
    DECLARE @sno char(10), @cno char(3), @grade tinyint
    SELECT @sno=sno, @cno=cno, @grade=grade FROM inserted
    IF NOT (@sno IN (SELECT sno FROM student)
        AND @cno IN (SELECT cno FROM course)
        AND @grade IS NULL)
        ROLLBACK TRANSACTION
END
GO
-- 测试
```

```
INSERT INTO sc VALUES ('220107', '005', NULL)
INSERT INTO sc VALUES ('220106', '200', NULL)
INSERT INTO sc VALUES ('220106', '005', 70)
INSERT INTO sc VALUES ('220106', '005', NULL)
```

执行结果如图 12-6 所示。

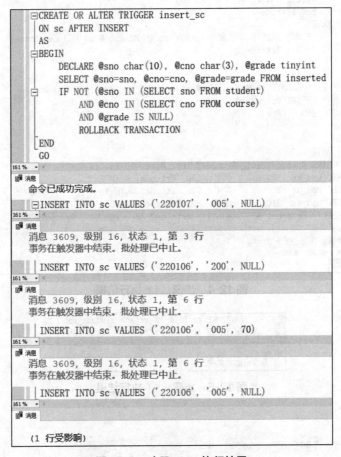

图 12-6　步骤（6）执行结果

（7）创建一个触发器，监听 student 表上的 DELETE 操作，如果被删除的学生选过课，一并删除其选课信息。

SQL 语句：

```
CREATE OR ALTER TRIGGER delete_stu
ON student AFTER DELETE
AS
BEGIN
    DECLARE @sno char(10)
    SELECT @sno=sno FROM deleted
    IF EXISTS(SELECT * FROM sc WHERE sno=@sno)
```

```
            DELETE FROM sc WHERE sno=@sno
END
GO
-- 测试（200102号学生选修了一门课程）
DELETE FROM student WHERE sno='200102'
```

执行结果如图12-7所示。

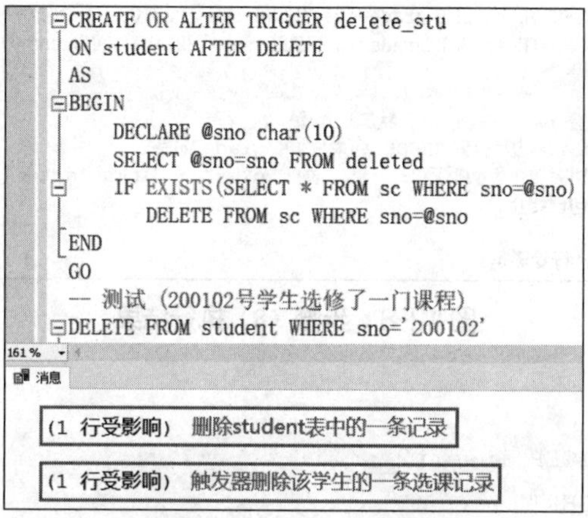

图 12-7 步骤（7）的结果

（8）创建一个触发器，监听sc表上的UPDATE操作，要求新的成绩必须处于0到100之间，若违反该要求则回滚事务。

SQL语句：

```
CREATE OR ALTER TRIGGER update_sc
ON sc AFTER UPDATE
AS
BEGIN
    DECLARE @new_g tinyint
    SELECT @new_g=grade FROM inserted
    IF @new_g<0 OR @new_g>100
        ROLLBACK
END
GO
-- 测试
UPDATE sc SET grade=101 WHERE sno='220106' AND cno='005'
UPDATE sc SET grade=75 WHERE sno='220106' AND cno='005'
```

执行结果如图12-8所示。

（9）创建一个INSTEAD OF触发器，监听sc表上的INSERT操作，如果sno列和cno列的值分别来自student表和course表且grade列的值为空，则执行插入操作，否则输出"数据不符合要求，插入失败"。

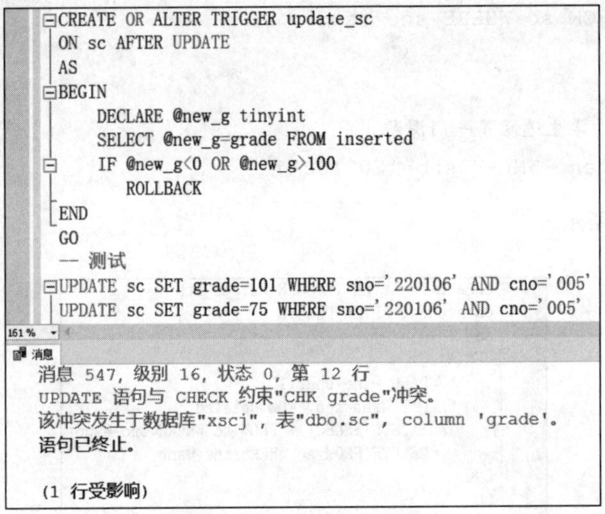

```
┌─CREATE OR ALTER TRIGGER update_sc
│ ON sc AFTER UPDATE
│ AS
├─BEGIN
│     DECLARE @new_g tinyint
│     SELECT @new_g=grade FROM inserted
│ ├─  IF @new_g<0 OR @new_g>100
│         ROLLBACK
│ END
│ GO
│ -- 测试
├─UPDATE sc SET grade=101 WHERE sno='220106' AND cno='005'
│ UPDATE sc SET grade=75 WHERE sno='220106' AND cno='005'

消息 547, 级别 16, 状态 0, 第 12 行
UPDATE 语句与 CHECK 约束"CHK_grade"冲突。
该冲突发生于数据库"xscj", 表"dbo.sc", column 'grade'。
语句已终止。

(1 行受影响)
```

图 12-8 步骤（8）执行结果

SQL 语句：

```
CREATE OR ALTER TRIGGER insert2_sc
ON sc INSTEAD OF INSERT
AS
BEGIN
    DECLARE @sno char(10), @cno char(3), @grade tinyint
    SELECT @sno=sno, @cno=cno, @grade=grade FROM inserted
    IF @sno IN (SELECT sno FROM student)
        AND @cno IN (SELECT cno FROM course)
        AND @grade IS NULL
        INSERT INTO sc VALUES(@sno, @cno, @grade)
    ELSE
        PRINT('数据不符合要求，插入失败')
END
GO
-- 测试
INSERT INTO sc VALUES ('220107', '005', NULL)
INSERT INTO sc VALUES ('220106', '200', NULL)
INSERT INTO sc VALUES ('220106', '004', 70)
INSERT INTO sc VALUES ('220106', '008', NULL)
```

执行结果如图 12-9 所示。

（10）在当前数据库中创建一个触发器，禁止任何用户删除数据表以及修改表结构，激活时输出"本数据库禁止删除和修改表"并撤销操作。

SQL 语句：

```
CREATE OR ALTER TRIGGER safety_table
```

```
ON DATABASE
AFTER DROP_TABLE, ALTER_TABLE
AS
BEGIN
    PRINT('本数据库禁止删除和修改表')
    ROLLBACK
END
GO
-- 测试
DROP TABLE sc
ALTER TABLE student DROP COLUMN ssex
```

执行结果如图12-10所示。

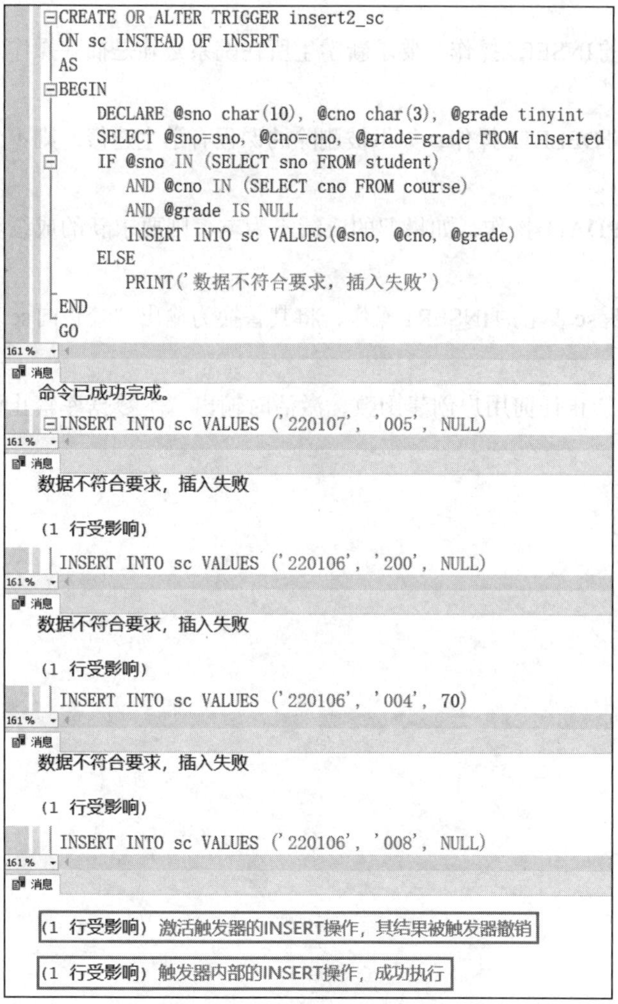

图 12-9 步骤（9）执行结果 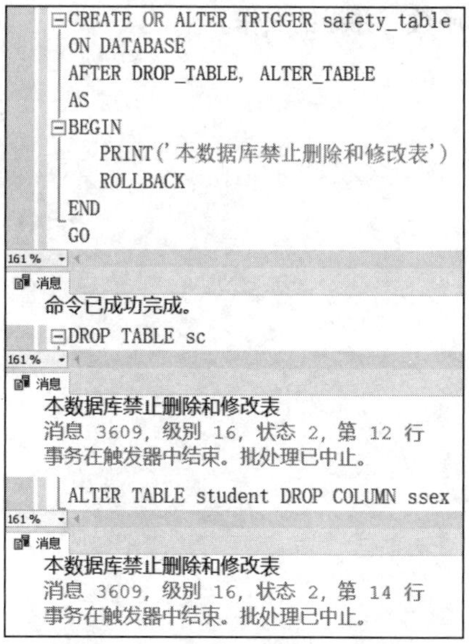　　　　　　　　图 12-10 步骤（10）执行结果

12.4 设计题

（1）创建一个存储过程，接收一个学号作为参数。如果该学生没有选课，则返回0；若选课门数小于3，则返回1；否则返回2。

（2）创建一个给学生选课的存储过程，接收一个学号和一个课程号作为参数。如果给定的学号和课程号有一个在数据库中不存在，则返回1；如果该学生已经选修了该课程，则返回2；否则，为该学生选修参数指定的课程并返回0。

（3）创建一个用于删除课程的存储过程，接收一个课程号作为参数。如果指定课程号在数据库中不存在，则返回-1；如果该课程有学生选修，则返回1；否则，删除该课程并返回0。

（4）创建一个存储过程，接收一个学号作为参数。在student表中更新该学生的平均成绩和选课门数（分别对应avg_grade列和cnt_course列）。

（5）创建一个触发器，监听student表上的INSERT操作，要求新学生所在院系必须是插入操作之前就已经存在的院系。

（6）创建一个触发器，监听course表上的DELETE操作，如果被删除的课程有学生选修，则不允许删除课程。

（7）创建一个触发器，监听sc表上的UPDATE操作，如果旧的成绩不为空，则要求新的成绩不能低于旧的成绩。

（8）创建一个INSTEAD OF触发器，监听sc表上的INSERT操作，将其替换为输出"禁止向sc表添加数据"的操作。

（9）在当前数据库中创建一个触发器，禁止任何用户创建函数，激活时输出"本数据库禁止创建函数"并撤销操作。

第二部分
综合设计

数据库综合设计是数据库原理课程的后续课程，是一门独立的综合实践课程。课程的主要内容是学生以小组为单位根据所选题目的数据管理需求，设计数据库并以此为基础完成应用系统的开发，最后撰写设计报告对所做的工作进行汇报和总结。通过该课程的学习，学生应当具备分析与设计数据库应用系统的基本能力，熟悉计算机软件项目开发的基本流程，具有基本的团队协作精神，为将来从事相关工作奠定基础。

本部分包含第13、14章。第13章介绍了综合设计的目的、步骤、基本要求和考核方式。第14章以图书借阅管理系统为案例，以SQL Server为数据库平台、ASP.NET为开发平台，系统地介绍了数据库应用系统的设计和开发流程，并附有关键代码。

第13章
数据库综合设计概述

13.1 综合设计的目的

（1）巩固和加深学生对数据库理论知识和数据操作技术的认识，培养学生应用数据库原理分析和解决复杂工程问题的能力。

（2）帮助学生熟悉数据库应用系统的分析、设计和开发流程，掌握使用高级程序设计语言访问数据库的方法。

（3）以团队协作的方式设计并实现一个小型数据库应用系统。

（4）培养学生的团队意识，锻炼学生的团队协作能力。

（5）学会撰写文档，对所做的工作进行说明和总结，能够进行简单、流畅的答辩。

13.2 综合设计的步骤

综合设计的整个周期包含发布任务、选题、需求分析、系统设计、程序设计与测试、撰写综合设计报告、答辩并提交材料七个环节。

1. 发布任务

教师介绍课程性质和目标，并对实施流程、任务、要求和考核方式进行说明。本环节以课堂讲授的方式完成。

2. 选题

学生在综合设计要求的基础上，自行组成小组，以小组为单位选题。

3. 需求分析

每个小组针对所选题目进行需求分析，明确各类系统用户所需要的功能和需要用到的数据。

4. 系统设计

依据功能需求分析的结果，按模块进行功能设计，明确各个功能的业务逻辑。然后，依据数据需求的结果完成数据库的概念设计、逻辑设计和物理设计。

5. 程序设计与测试

数据库实施结束后，自行选择开发平台并编码实现所有的功能，最后对各个功能进行测试。

6. 撰写综合设计报告

对所有的工作进行整理和总结，形成综合设计报告。

7. 答辩和提交材料

答辩时由组长讲解所做的工作，展示数据库结构，演示系统功能，并回答指导教师的提问。答辩结束后按要求提交相关材料。

13.3 综合设计的要求

综合设计的主要要求如下：

（1）小组成员不超过4人（不建议单人小组）。

（2）所选题目不能过于简单，难度要适中（物理模型至少包含四个数据表）。

（3）需求分析要包含功能需求和数据需求的分析并形成文字内容。

（4）根据功能需求划分功能模块，必须明确每个功能的业务逻辑。

（5）概念设计必须画出完整的E-R图，逻辑设计必须满足3NF，物理设计必须设置主键和需要的外键。

（6）自行选择数据库平台和软件开发平台，先完成数据库的定义和初始化，然后完成应用系统的开发和测试。

（7）综合设计报告中文字数不少于3 000，内容需要包含封面、摘要和关键词、目录、选题背景、目的和意义、需求分析、系统设计、系统实现、结论和参考文献等。

（8）答辩时需要制作一个不超过10页的PPT。

（9）电子材料包括综合设计报告、软件系统源码和数据库SQL脚本，纸质材料仅提供评分表。

（10）严禁抄袭，一经发现，小组成员均记0分。

13.4 综合设计的考核

综合设计的考核根据数据模型、设计报告、答辩和团队协作四个环节的工作成果进行综合评分，均按照百分制评分。前三个环节是针对作品的考核，每个小组成员的成绩相同。第四个环节是针对个人的考核，由组长依据各个成员的团队协作表现进行评分，该项评分应体现差异，不能完全一样，也不能非常接近。若为单人小组，由于无法达到培养团队协作能力的目的，团队协作评分固定为70分。最后，按照35%、25%、25%、15%的权重计算每个学生的综合评分。各个环节的评分细则见表13-1～表13-4。

表 13-1　数据模型评分细则

评 分 原 则	得　　分
数据模型设计合理，能够支撑课题的所有功能	90～100
数据模型设计比较合理，能够支撑课题的所有功能	80～89
数据模型设计比较合理，基本能够支撑课题的所有功能	70～79
数据模型设计基本合理，能够支撑课题的大部分功能	60～69
数据模型设计不合理，有错误，导致课题部分功能无法实现	0～59

表 13-2　设计报告评分细则

评 分 原 则	得　　分
能很好地完成设计要求的每个部分，系统分析和方案设计合理，设计报告格式符合要求	90～100
能较好地完成设计要求的每个部分，系统分析和方案设计比较合理，设计报告格式符合要求	80～89
能较好地完成设计要求的每个部分，系统分析和方案设计基本合理，设计报告格式基本符合要求	70～79
基本能完成设计要求的每个部分，系统分析和方案设计中有少量不合理的地方，设计报告的大部分内容符合格式规范	60～69
只能完成部分设计要求，系统分析和方案设计不合理，设计报告不规范	0～59

表 13-3　答辩评分细则

评 分 原 则	得　　分
按期完成设计任务，软件功能完整、运行效果好，能正确地回答全部问题	90～100
按期完成设计任务，软件功能完整、运行效果良好，基本正确地回答全部问题	80～89
按期完成设计任务，软件功能基本完整、运行效果一般，回答问题不十分准确，但没有原则性错误	70～79
基本按期完成设计任务，软件功能基本完整、运行时有少量错误出现，仅能正确回答部分问题	60～69
不能按期完成设计任务，软件功能不完整，运行效果差，不能正确回答问题	0～59

表 13-4　团队协作评分细则

评 分 原 则	得　　分
积极参与团队沟通，能够充分交换意见，形成有效的决策；完成了分工任务中的全部工作量，且完全满足设计要求	90～100
参与团队沟通，能够发表有价值的意见，但需要进一步完善；基本完成了分工任务中的工作量，工作内容满足设计要求	80～89
团队沟通不畅，讨论欠深入，时有误解，需加强协调；完成了分工任务中的全部工作量，但部分不能满足设计要求	70～79
团队沟通有严重障碍，缺乏共识，有冲突产生；完成了分工任务中的部分工作量，且不能满足设计要求	60～69
完全不参与团队沟通，缺乏倾听和尊重；不能完成分工任务中的工作量或完全不能满足设计要求	0～59

第14章
案例：图书借阅管理系统

14.1 系统概述

随着社会的发展和进步，城市中图书馆的数量和规模都在不断增加，给图书馆的信息管理工作带来巨大的挑战。若采用传统的人工管理方式，不仅工作量大、效率低下，而且容易出纰漏。因此，将信息化的管理方式进入图书馆的管理是非常必要的，将图书信息、读者信息和借阅信息等录入数据库，在此基础上建立一个软件系统对这些数据进行管理，可以有效地降低人工工作量、显著地提升效率，进而提高图书馆的服务质量。本章将一个简单的图书借阅管理系统作为案例，介绍数据库综合设计的主要内容和流程。

14.2 需求分析

1. 功能需求

通过对图书馆的工作流程进行分析，可以发现：① 系统应该有两类用户，分别是图书管理员和读者；② 图书管理员负责图书信息和读者信息的维护，读者则可以查询图书、借书和还书。具体的功能需求如下：

1）图书管理

图书管理员可以查询已有图书、录入新的图书、修改图书信息以及删除图书。

2）读者管理

图书管理员可以新建读者账号、修改读者信息、停用读者账号。

3）借阅管理

读者可以查询图书、借书和还书，以及查询自己的借阅信息。图书管理员可以查询所有读者的借阅信息。

4）其他功能

图书管理员和读者都可以登录和退出系统，查看系统的统计数据，以及修改自己的个人信息，包括重置登录密码。

2. 数据需求

上一节的功能涉及的数据包括图书管理员信息、图书信息、读者信息和借阅信息。其中，图书管理员信息应该包括用户名、登录密码、真实姓名和联系电话等，图书信息应该包含ISBN、书名、作者、类别和数量等信息，读者信息应该包含借阅证号、登录密码、真实姓名、联系电话和地址等，借阅信息应该包含借阅号、借阅证号、ISBN、借书时间和还书时间等。

14.3 系统设计

依据上一节需求分析的结果，本节主要做两项工作：一是对系统所需的各个功能的业务逻辑进行详细设计；二是依据数据需求和业务逻辑进行数据库设计。

1. 功能设计

按照系统的功能需求，系统应包含公用模块、管理员模块和读者模块。公用模块包含登录/注销功能、权限验证功能、信息统计功能；管理员模块包含图书管理功能（增、删、改、查）、读者管理功能（增、删、改、查）、借阅管理功能（仅查询）和修改密码功能；读者模块包含检索图书功能、借阅图书功能、归还图书功能和修改个人信息功能，如图14-1所示。

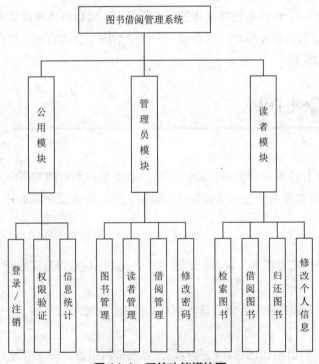

图14-1 系统功能模块图

1）公用模块

（1）登录/注销功能：管理员和读者共用一个登录界面，在登录时选择用户类型，输入正确的用户名和密码后进入各自的主页面。用户注销时需要清除登录状态信息,然后跳转到登录页面。

(2)权限验证:用户登录成功后,需要保证用户具有访问所请求页面的权限,从而保证系统的信息安全。为了实现这个目标,可以将管理员和读者的页面存放在不同的目录下,同时将登录用户的信息存放在会话中,在处理用户请求之前,检查所访问的目录与会话中的用户信息是否一致,如果一致则继续处理请求,否则清空会话并跳转到登录页面。

(3)信息统计:在管理员首页,需要显示图书的总册数、已借出册数,读者总人数和暂停权限人数,总借阅次数。

在读者首页,除管理员首页的所有统计数据外,还需要显示个人的借阅总次数、代还图书册数以及个人信息。

2)管理员模块

(1)图书管理:管理员可以添加图书,根据多个条件检索图书,如果某图书当前没有借出,还可以修改和删除图书信息(ISBN除外),删除图书时要求级联删除涉及该图书的借阅信息。

(2)读者管理:管理员可以添加读者账户,根据多个条件检索读者,还可以修改读者信息(借阅证号除外),修改读者信息时可以停用该账号。如果该读者所借图书均已归还则可以删除读者,删除读者时要求级联删除涉及该读者的借阅信息。

(3)借阅管理:管理员可以根据多个条件查询借阅信息,以及查看某次借阅的详细情况,包括相关的读者信息和被借图书的信息。

(4)修改密码:管理员可以修改自己登录系统的密码,需要输入旧密码、新密码和确认新密码,符合更新条件后可以提交更新。

3)读者模块

(1)检索图书:与管理员类似,读者也可以根据多个条件检索自己所需要的图书信息。

(2)借阅图书:读者在检索到所需要的图书后,可以借阅该书,一次借阅只能涉及一本书。

(3)归还图书:读者可以按照借阅时间倒序浏览自己的借阅记录并查看借阅记录的详细信息,查看时可以选择还书。

(4)修改个人信息:读者可以修改自己的个人信息,包括登录密码、姓名和通信信息。

2. 数据库设计

依据数据需求和业务逻辑进行分析,本节将完成数据库概念结构、逻辑结构、物理结构的设计、数据库实施四个方面的工作。

1)概念结构设计

图书借阅管理系统需要三个实体集:图书、读者和管理员。以下为这三个实体型的详细信息。

(1)图书:ISBN、书名、类别、作者、总册数和借出册数。

(2)读者:借阅证号、登录密码、姓名、账户状态、性别、电话号码和通信地址,其中借阅证号是登录名。

(3)管理员:管理员编号、登录密码和管理员姓名,其中管理员编号是管理员登录名。

在图书借阅管理系统中,读者和图书之间存在一个 $m:n$ 的借阅联系,管理员则是独立的。依据系统中的实体和联系,可以画出全局实体联系图(entity relationship diagram,E-R图),如图14-2所示。

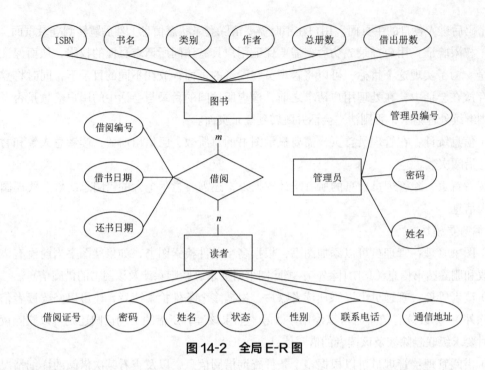

图 14-2 全局 E-R 图

2）逻辑结构设计

依据转换规则，将全局 E-R 图转换为关系模型，得到以下关系模式：

（1）图书（<u>ISBN</u>，书名，类别，作者，总册数，借出册数），其中 ISBN 是主键。

（2）读者（<u>借阅证号</u>，密码，姓名，状态，性别，联系电话，通信地址），其中借阅证号是主键，用户状态为 1 表示账户正常，为 0 则表示账户被停用。

（3）借阅（<u>借阅编号</u>，ISBN，借阅证号，借书日期，还书日期），其中借阅编号是主键，ISBN 和借阅证号分别是外键，若还书日期为空，说明尚未还书。

（4）管理员（<u>管理员编号</u>，密码，姓名），其中管理员编号是主键。

3）物理结构设计

数据库的物理设计包含数据库存储结构的设置以及数据表结构的设计。由于本系统是综合设计，对存储结构没有特殊要求，实施时使用 SQL Server 默认设置即可。依据数据库逻辑结构设计，对应的表结构见表 14-1～表 14-4。

表 14-1 图书表（book）

列 名	数据类型	长 度	允许为空	主 键	备 注
isbn	varchar	13	否	是	国际标准图书编号 ISBN
title	varchar	70	否	否	书名
category	varchar	20	否	否	图书类别
authors	varchar	30	否	否	作者
total_num	int		否	否	图书总册数，默认为 1
out_num	int		否	否	借出册数，默认为 0

表 14-2 读者表（reader）

列　名	数据类型	长　度	允许为空	主　键	备　注
rid	varchar	12	否	是	借阅证号
pwd	varchar	15	否	否	登录密码
rname	varchar	20	否	否	读者姓名
isvalid	char	1	否	否	账户状态，默认为1
sex	varchar	2	否	否	性别，必须为男或女
tel	varchar	11	否	否	联系电话
addr	varchar	70	否	否	通讯地址

表 14-3 借阅表（borrowbook）

列　名	数据类型	长　度	允许为空	主　键	备　注
bid	int		否	是	借阅编号，自增列
isbn	varchar	13	否	否	ISBN，外键
rid	varchar	12	否	否	借阅证号，外键
bdate	datetime		否	否	借书日期
rdate	datetime		是	否	还书日期

表 14-4 管理员表（admin）

列　名	数据类型	长　度	允许为空	主　键	备　注
aid	varchar	12	否	是	管理员编号
pwd	varchar	15	否	否	登录密码
aname	varchar	20	否	否	管理员姓名

4）数据库实施

基于上述数据库设计，实施数据库的 SQL 脚本如下：

```
CREATE DATABASE library
GO
USE library
GO
CREATE TABLE book(
isbn varchar(13) PRIMARY KEY,
title varchar(70) NOT NULL,
cateGOry varchar(20) NOT NULL,
authors varchar(30) NOT NULL,
total_num int NOT NULL DEFAULT 1,
out_num int NOT NULL DEFAULT 0)
GO
CREATE TABLE reader(
rid varchar(12) PRIMARY KEY,
```

```sql
pwd varchar(15) NOT NULL,
rname varchar(20) NOT NULL,
isvalid char(1) NOT NULL DEFAULT '1',
sex varchar(2) NOT NULL CHECK (sex in ('男','女')),
tel varchar(11) NOT NULL,
addr varchar(70) NOT NULL)
GO
CREATE TABLE borrowbook(
bid int identity(1,1) PRIMARY KEY,
isbn varchar(13) REFERENCES book(isbn) ON DELETE CASCADE,
rid varchar(12) REFERENCES reader(rid) ON DELETE CASCADE,
bdate datetime NOT NULL,
rdate datetime)
GO
CREATE TABLE admin(
aid varchar(12) PRIMARY KEY,
pwd varchar(15) NOT NULL,
aname varchar(20) NOT NULL)
GO
-- 管理员的信息只能由数据库管理员添加
insert into admin values ('admin001', '123456', '管理员001')
GO
```

14.4 系统实现

本节主要描述图书借阅管理系统的具体实现，包括开发平台、工程结构、系统配置与数据库操作类，以及各个功能模块的具体实现。

1. 开发要求

（1）数据库：SQL Server 2017 Express。

（2）开发平台：Visual Studio 2022社区版。

（3）开发技术：ASP.NET网站（新版Visual Studio默认不带该项目模板，安装时需要选择"其他项目模板（早期版本）"）。

2. 目录结构与功能模块

本项目工程目录包含如下内容：

（1）web.config：ASP.NET配置文件。

（2）admin.sitemap：管理员用户的导航菜单。

（3）reader.sitemap：读者用户的导航菜单。

（4）App_Code文件夹：包含用户权限验证类和数据库操作共用类。

（5）admin文件夹：管理员用户需要的功能页面。

（6）reader 文件夹：读者用户需要的功能页面。

（7）login.aspx：管理员和读者共用的登录页面。

（8）logout.aspx：注销登录的页面。

3. 配置文件与数据库操作类

1）web.config 文件

```xml
<?xml version="1.0"?>
<configuration>
  <connectionStrings>
    <add name="myConnectionString"
      connectionString="Data Source=.\SQLEXPRESS;Initial Catalog=library;Integrated Security=True"
      providerName="System.Data.SqlClient"/>
  </connectionStrings>
  <system.web>
    <compilation debug="true" targetFramework="4.8"/>
    <siteMap>
      <providers>
        <add name="admin" type="System.Web.XmlSiteMapProvider"
          siteMapFile="~/admin.sitemap"/>
        <add name="reader" type="System.Web.XmlSiteMapProvider"
          siteMapFile="~/reader.sitemap"/>
      </providers>
    </siteMap>
    <pages controlRenderingCompatibilityVersion="4.0"/>
  </system.web>
  <system.webServer>
    <modules>
      <add name="mycustommodule" type="UserAuthorizationModule"/>
    </modules>
  </system.webServer>
</configuration>
```

配置文件中有三处需要说明：

（1）connectionStrings 节定义了数据库连接字符串，DATA SOURCE 中的"."用于指定使用本机上的数据库服务器，"\SQLEXPRESS"指明使用的是 EXPRESS 版 SQL Server，若为正式版则不需要这部分。

（2）siteMap 节用于定义站点地图数据源，由于管理员和读者的导航菜单不同，定义了两个站点地图数据源。

（3）system.webServer 节定义了一个名为 UserAuthorizationModule 系统模块，它的作用是用户权限验证。

2）站点地图

站点地图由扩展名为 sitemap 的 XML 文件定义，其内容主要用于生成导航菜单。

（1）管理员导航数据：

```xml
<?xml version="1.0" encoding="utf-8" ?>
<siteMap xmlns="http://schemas.microsoft.com/AspNet/SiteMap-File-1.0" >
  <siteMapNode url="" title="图书管理系统-管理后台" description="">
    <siteMapNode url="~/admin/main.aspx"
      title="首页" description="" />
    <siteMapNode url="" title="图书管理" description="" >
      <siteMapNode url="~/admin/book_add.aspx"
        title="添加图书" description="" />
      <siteMapNode url="~/admin/book_search.aspx"
        title="检索图书" description="" />
    </siteMapNode>
    <siteMapNode url="" title="读者管理" description="" >
      <siteMapNode url="~/admin/reader_add.aspx"
        title="添加读者" description="" />
      <siteMapNode url="~/admin/reader_search.aspx"
        title="检索读者" description="" />
    </siteMapNode>
    <siteMapNode url="~/admin/borrowinfo_show_search.aspx"
      title="借阅管理" description="" />
    <siteMapNode url="~/admin/chg_pwd.aspx"
      title="修改密码" description="" />
  </siteMapNode>
</siteMap>
```

siteMapNode 可以嵌套以便定义菜单的级别，title 是用于显示的菜单，url 则是其超链接，description 用于提示菜单内容，可以不定义。

（2）读者导航数据：

```xml
<?xml version="1.0" encoding="utf-8" ?>
<siteMap xmlns="http://schemas.microsoft.com/AspNet/SiteMap-File-1.0" >
  <siteMapNode url="" title="图书管理系统-借书平台" description="">
    <siteMapNode url="~/reader/main.aspx"
      title="首页" description="" />
    <siteMapNode url="~/reader/book_search.aspx"
      title="检索图书" description="" />
    <siteMapNode url="~/reader/my_borrow_info.aspx"
      title="我的借阅" description="" />
    <siteMapNode url="~/reader/edit_info.aspx"
      title="修改个人信息" description="" />
```

```
</siteMapNode>
</siteMap>
```

3）数据库操作类

由于在 .NET 平台操作数据库需要创建系一列的对象，为了避免每次都执行这一流程，定义一个名为 DBClass 的类来封装这些操作，用户只需要提供 SQL 语句即可。DBClass 的内容如下：

```
using System.Data;
using System.Data.SqlClient;
using System.Configuration;
public class DBClass
{
    public SqlConnection conn;
    public DBClass()
    {
        conn = new SqlConnection(ConfigurationManager.ConnectionStrings["myCo
nnectionString"].ConnectionString);
    }
    public int ExecuteSql(String cmdText)
    {
        conn.Open();
        SqlCommand comm = new SqlCommand(cmdText, conn);
        int x = comm.ExecuteNonQuery();
        conn.Close();
        return x;
    }
    public int ExecuteTransaction(String cmdText1, String cmdText2)
    {   /*返回值：1-执行成功，0-执行失败*/
        int ret = 0;
        conn.Open();
        // 启动一个事务
        SqlTransaction tran = conn.BeginTransaction();
        SqlCommand comm = new SqlCommand();
        comm.Connection = conn;
        comm.Transaction = tran;
        try
        {
            comm.CommandText = cmdText1;
            comm.ExecuteNonQuery();
            comm.CommandText = cmdText2;
            comm.ExecuteNonQuery();
            tran.Commit();
            ret = 1;
```

```
            }
            catch (Exception e)
            {
                tran.Rollback();
                ret = 0;
            }
            finally
            {
                if (conn.State != ConnectionState.Closed)
                {
                    conn.Close();
                }
            }
            return ret;
        }
        public DataTable GetRecords(String sqltext)
        {
            SqlDataAdapter da = new SqlDataAdapter(sqltext, conn);
            DataTable dt = new DataTable();
            da.Fill(dt);
            return dt;
        }
    }
```

说明：

（1）ExecuteSql()方法用于执行INSERT、DELETE和UPDATE语句。

（2）ExecuteTransaction()方法用于执行一个包含两个更新语句的事务，当一次更新两个数据表时，必须使用事务，保证它们要么都不执行，要么一起执行成功；

（3）GetRecords()方法用于读取数据。

4. 公用模块

1）登录/注销功能

登录界面login.aspx的设计如图14-3所示（设计视图下的aspx页面），其中红色文字是数据验证控件的提示信息（不必额外编写代码对用户输入数据进行验证）。

该页面对应的后台Page类只需要实现单击"登录"按钮的事件处理函数即可，该函数的主要作用是从数据库（admin表或reader表）查询数据以验证是否允许登录。此函数的内容如下：

```
protected void LoginButton_Click(object sender, EventArgs e)
{
    String uname = UserName.Text.Trim();
    String pwd = Password.Text.Trim();
```

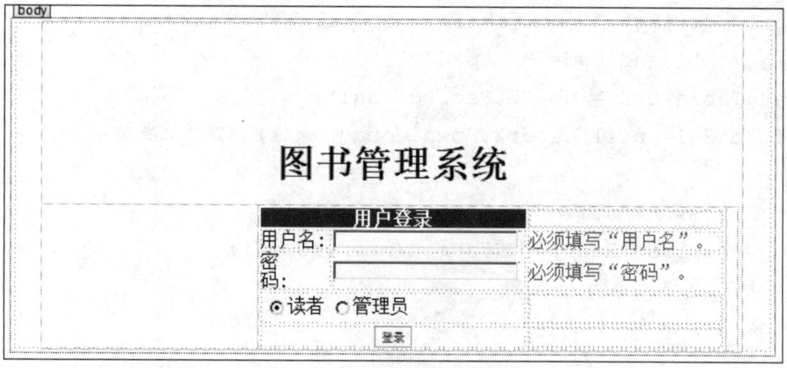

图 14-3　登录界面设计图

```
    DBClass db = new DBClass();
    String sql = "";
// 读者登录
    if (RadioButtonList1.SelectedValue == "1")
    {
        sql = "select * from reader where rid='" + uname +
            "' and pwd='" + pwd + "'";
        DataTable dt1 = db.GetRecords(sql);
        // 登录成功
        if (dt1 != null && dt1.Rows.Count == 1)
        {   // 账户有效
            if (dt1.DefaultView[0]["isvalid"].ToString() == "1")
            {
                Session["reader"] = uname;
                Response.Redirect("reader/main.aspx");
            }
            else
            {
                Response.Write("<script languge='javascript'>alert(' 你的账户已被暂停使用，请联系管理员！');</script>");
            }
        }
        else
        {
            Response.Write("<script languge='javascript'>alert(' 无法登录，用户名或密码错误！');</script>");
        }
    }
    else // 管理员登录
    {
```

```
            sql = "select * from admin where aid='" + uname +
                   "' and pwd='" + pwd +"'";
            DataTable dt2 = db.GetRecords(sql);
            if (dt2 != null && dt2.Rows.Count == 1) // 登录成功
            {
                Session["admin"] = uname;
                Response.Redirect("admin/main.aspx");
            }
            else
            {
                Response.Write("<script languge='javascript'>alert('无法登录,用户名或密码错误!');</script>");
            }
        }
    }
```

无论是管理员还是读者,当单击各自页面中的"注销"超链接时都会跳转到logout.aspx页面。logout.aspx的页面没有内容,在其后台 **Page_Load()** 函数中先清除会话对象,然后直接跳转到登录页面。

```
protected void Page_Load(object sender, EventArgs e)
{
    Session.Clear();
    Session.Abandon();
    Response.Redirect("~/login.aspx");
}
```

2)权限验证

由于管理员和读者的功能页面分别位于admin、reader两个目录,只需要保证只有对应的用户才有权限访问相应的目录即可。为了实现该功能,定义了一个名为UserAuthorizationModule的类,它实现了**IHttpModule**接口。该类的定义如下:

```
public class UserAuthorizationModule:IHttpModule
{
    public void Dispose()
    {
        //throw new NotImplementedException();
    }
    public void Init(HttpApplication context)
    {
        context.AcquireRequestState +=
                new EventHandler(context_AcquireRequestState);
    }
```

```csharp
void context_AcquireRequestState(object sender, EventArgs e)
{
    // 获取应用程序
    HttpApplication application = (HttpApplication)sender;
    String requestUrl = application.Request.Url.ToString();
    //路径包含admin，需要检查是否有管理员的登录信息
    if (requestUrl.IndexOf("admin") != -1)
    {
        if (application.Context.Session["admin"] == null
|| application.Context.Session["admin"].ToString().Trim() == "")
        {
            // 没有管理员的登录信息，跳转到登录页面
            application.Session.Clear();
            application.Response.Redirect("~/login.aspx");
        }
    }
    //路径包含reader，需要检查是否有读者的登录信息
    else if (requestUrl.IndexOf("reader") != -1)
    {
        if (application.Context.Session["reader"] == null
|| application.Context.Session["reader"].ToString().Trim() == "")
        {
            // 没有管理员的登录信息，跳转到登录页面
            application.Session.Clear();
            application.Response.Redirect("~/login.aspx");
        }
    }
    // 如果路径中既不包含admin也不包含reader，则不处理
}
```

上述代码类的核心功能是：拦截用户请求的路径，如果路径包含admin，则要求会话中有管理员的登录信息，否则跳转到登录页面，如果路径包含reader则要求必须有读者的登录信息。

3）信息统计

在管理员和读者登录后的首页需要显示一组统计数据，主要通过一组SQL语句实现。以下为这些SQL语句：

```sql
-- 系统信息
-- 图书总数
SELECT SUM(total_num) AS total FROM book
-- 借出去的图书总数
SELECT SUM(out_num) AS total FROM book
```

```sql
-- 当前借阅总次数
SELECT COUNT(*) AS total FROM borrowbook
-- 读者总数
SELECT COUNT(*) AS total FROM reader
-- 被暂停使用读者总数
SELECT COUNT(*) AS total FROM reader WHERE isvalid='0'

-- 读者信息
// 个人信息
SELECT * FROM reader WHERE rid='Session["reader"]'
// 个人借阅信息
SELECT COUNT(*) FROM borrowbook WHERE rid='Session["reader"]'
-- 当前未还图书册数
SELECT COUNT(*) FROM borrowbook WHERE rdate IS NULL
AND rid='Session["reader"]'
```

注意：Session["reader"]表示从会话中获取读者用户的借阅证号。

5. 管理员模块

1）管理员母版

管理员的每个页面的导航部分是相同的，为了减少冗余代码和维护难度，采用ASP.NET的母版技术，公共内容（页面头部导航和底部版权）均放入母版页，各个功能页面仅实现特定功能。

管理员母版页AdminMasterPage.master的设计如图14-4所示。其中，Label控件的作用是在页面显示用户名；"注销"是一个链接到logout.aspx页面的超链接；SiteMapDataSource控件的作用是引入管理员的导航数据（admin.sitemap），其中，ShowStartingNode属性设置为False（不显示导航数据中的根节点）；"父节点"是一个Menu导航控件，生成一个下拉式的导航栏；CPH_content是一个Content控件，用于嵌入功能页面的内容。

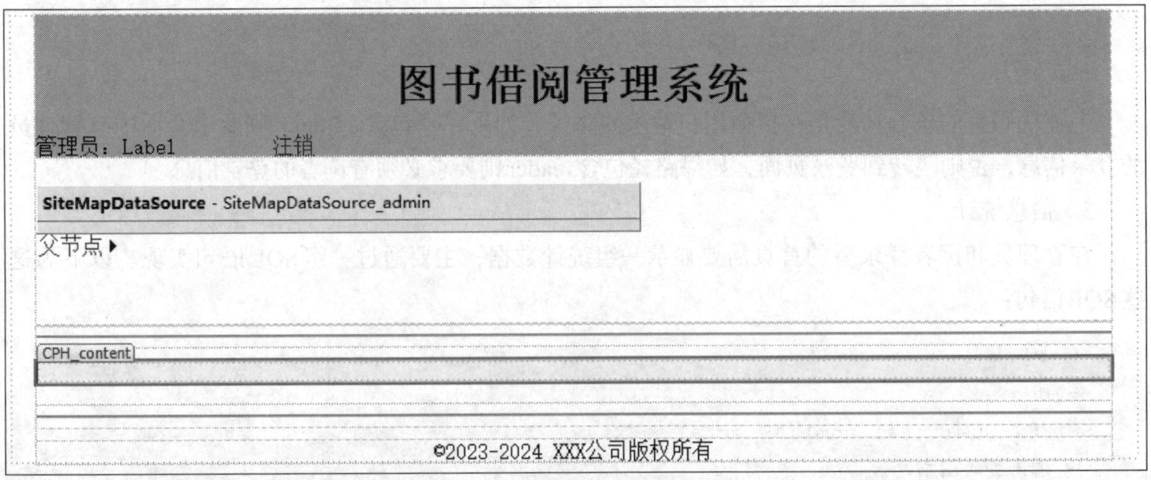

图14-4 管理员母版页设计图

管理员母版页后台Page_Load()函数只包含一行从会话中读取管理员用户名的代码。

```
protected void Page_Load(object sender, EventArgs e)
{
    admin_un.Text = Session["admin"].ToString();
}
```

2）管理员首页

管理员首页main.aspx仅显示系统统计信息，其页面设计如图14-5所示。其中，仅白色背景部分来自main.aspx（用于填充母版页的CPH_content控件），其他内容来自母版页。

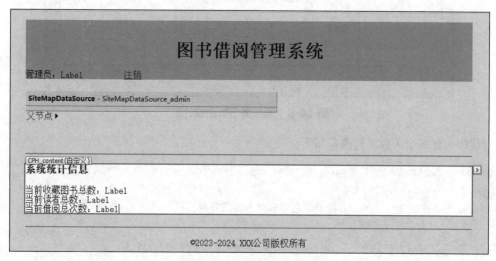

图14-5　管理员首页设计图

后台代码主要是执行前面的统计数据SQL语句，内容在形式上较为重复，因而仅给出查询图书总册数的代码片段作为示例。

```
DBClass db = new DBClass();
String sql = "";
// 图书总数
sql = "select sum(total_num) as total from book";
DataTable dt1 = db.GetRecords(sql);
if (dt1 != null && dt1.Rows.Count == 1 && dt1.Rows[0]["total"].ToString() != "")
    book_total_num.Text = dt1.Rows[0][0].ToString();
else
    book_total_num.Text = "0";
```

3）图书管理

图书管理包括添加图书、检索图书、修改和删除图书。

（1）添加图书：添加图书页面book_add.aspx的设计如图14-6所示。其中，表格右侧的红色文字是验证控件。

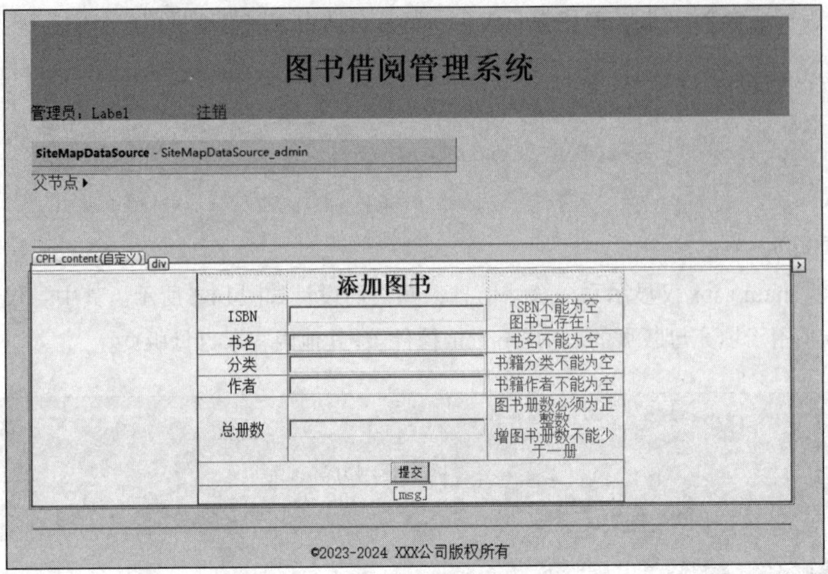

图 14-6　添加图书页面设计图

后台代码包含三个函数，其内容如下：

```csharp
protected void Page_Load(object sender, EventArgs e)
{
    msg.Text = "";        // 提示信息初始化为空字符串
}
protected void Button1_Click(object sender, EventArgs e)
{
    if (IsValid)          // 符合所有验证控件的要求
    {
        String ISBN = isbn.Text.Trim();
        String TITLE = title.Text.Trim();
        String CATEGORY = category.Text.Trim();
        String AUTHORS = authors.Text.Trim();
        String TOTAL_NUM = total_num.Text.Trim();
        DBClass db = new DBClass();
        String sql = "insert into book (isbn, title, category, authors, total_num)" +
            " values ('" + ISBN + "','" + TITLE + "','" + CATEGORY + "','"
            + AUTHORS + "'," + TOTAL_NUM + ")";
        int cnt = db.ExecuteSql(sql);
        if (cnt > 0)
        {
            msg.Text = "添加图书成功！";
            isbn.Text = "";
            title.Text = "";
            category.Text = "";
```

```
                authors.Text = "";
                total_num.Text = "";
            }
            else
            {
                msg.Text = " 添加图书失败！";
            }
        }
    }
    // 自定义验证控件的业务逻辑
    protected void CustomValidator_isbn_ServerValidate(object source, ServerValidateEventArgs args)
    {
        DBClass db = new DBClass();
        String sql = "select * from book where isbn='" + args.Value + "'";
        DataTable dt = db.GetRecords(sql);
        if (dt != null && dt.Rows.Count > 0)      // 说明要添加的图书已经存在
            args.IsValid = false;                  // 验证失败
    }
```

（2）检索图书：检索图书页面 book_search.aspx 的设计如图 14-7 所示。其中，表格用的是 GridView 控件，表头部分是手动绑定的（需要单击右上角的按钮进行编辑），其内容由后台的查询结果集填充。

图 14-7　检索图书页面设计

后台代码如下：

```csharp
protected void Page_Load(object sender, EventArgs e)
{
    if(!IsPostBack)     // 第一次打开网页，而不是回发
    {   // 第一次打开时只显示搜索部分
        Panel_search_book_gridview.Visible = false;
        // 下拉列表第一项
        category_list.Items.Add(" 全部分类 ");
        category_list.Items[0].Selected = true;
        // 获取所有的图书分类并绑定到下拉列表控件
        DBClass db = new DBClass();
        DataTable dt1 = db.GetRecords("select distinct category from book");
        if(dt1 != null && dt1.Rows.Count >=1)
        {
            for (int i = 0; i < dt1.Rows.Count; i++)
            {
                category_list.Items.Add(dt1.Rows[i]["category"].ToString());
            }
        }
    }
}
void bind_search_results()
{
    msg.Text = "";
    String ISBN = isbn.Text.Trim();
    String TITLE = title.Text.Trim();
    String CATE = category_list.SelectedItem.Text.Trim();
    String AUTHORS = authors.Text.Trim();
    DBClass db = new DBClass();
    String sql = "select * from book where isbn like '%" + ISBN + "%' "
            + " and title like '%" + TITLE + "%' "
            + " and authors like '%" + AUTHORS + "%' ";
    if (category_list.SelectedIndex > 0)
        sql = sql + " and category='" + CATE + "' ";
    DataTable dt = db.GetRecords(sql);
    if (dt != null && dt.Rows.Count >= 1)      // 查询结果有数据
    {
        Panel_search_book_gridview.Visible = true;
        book_list.DataSource = dt;
        book_list.DataBind();
    }
    else
```

```
        {
            msg.Text = "数据库中暂时没有符合条件的图书！";
            Panel_search_book_gridview.Visible = false;
        }
    }
}
protected void Button1_Click(object sender, EventArgs e)
{
    bind_search_results();
}
// 手动绑定数据到 GridView 控件，必须处理 PageIndexChanging 事件来更新页码
protected void book_list_PageIndexChanging(object sender, GridViewPageEventArgs e)
{
    book_list.PageIndex = e.NewPageIndex;
    bind_search_results();
}
```

请读者注意这段代码中拼接SQL语句部分，这是实现不确定查询条件个数的一种方式。

（3）修改/删除图书：在图书检索页面查询到图书信息后，单击同一行后面的"更新"或者"删除"超链接即可进入更新图书页面book_edit.aspx，其设计如图14-8所示。修改和删除图书共用该页面的方式：在页面上放置两个Panel控件，一个用于修改图书信息，另一个用于删除图书，通过设置它们的Visible属性来控制它们不同时显示。

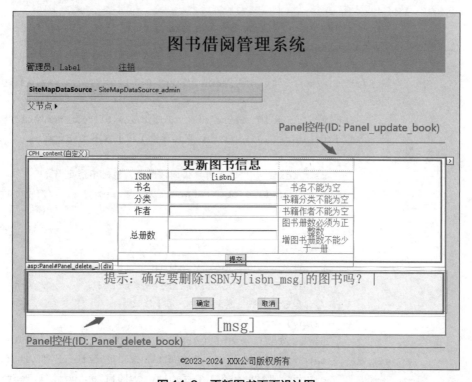

图14-8　更新图书页面设计图

由于修改和删除操作共用一个页面，"更新"或者"删除"超链接中带有action参数，其值为update表示修改操作，delete则表示删除操作。页面加载时根据action参数的值确定显示哪一个Panel控件以及需要读取哪些数据。后台的Page_Load()函数如下：

```
protected void Page_Load(object sender, EventArgs e)
{
    if(!IsPostBack)
    {
        Panel_update_book.Visible = false;
        Panel_delete_book.Visible = false;
        DBClass db = new DBClass();
        string sql = "";
        string ISBN = "";

        if(Request.QueryString["action"] != null
           && Request.QueryString["action"] != ""
           && Request.QueryString["isbn"] != null
           && Request.QueryString["isbn"] != "")
        {
            ISBN = Request.QueryString["isbn"];

            if(Request.QueryString["action"] == "update")        // 更新图书信息
            {
                sql = "select * from book where isbn='" + ISBN + "'";
                DataTable dt1 = db.GetRecords(sql);

                if(dt1 != null && dt1.Rows.Count == 1)           // 找到这本书了
                {
                    int out_cnt = int.Parse(dt1.DefaultView[0]["out_num"].ToString());
                    if(out_cnt > 0)   // 已经有读者借了该书，不允许更新
                    {
                        msg.Text = "已有用户借阅该图书，暂时不能更新！";
                        Panel_update_book.Enabled = false;        // 停用Panel控件
                    }
                    else                                          // 可以更新
                    {
                        Panel_delete_book.Visible = false;
                        Panel_update_book.Visible = true;         // 显示更新Panel
                        // 填充该图书信息到控件，用于修改
                        isbn.Text = ISBN;
                        title.Text = dt1.DefaultView[0]["title"].ToString();
                        category.Text = dt1.DefaultView[0]["category"].ToString();
                        authors.Text = dt1.DefaultView[0]["authors"].ToString();
```

```
                    total_num.Text = dt1.DefaultView[0]["total_num"].ToString();
                }
            }
        }
        else if (Request.QueryString["action"] == "delete")//删除图书信息
        {
            sql = "select * from book where isbn='" + ISBN + "'";
            DataTable dt2 = db.GetRecords(sql);
            if (dt2 != null && dt2.Rows.Count == 1)            // 找到这本书了
            {
                int out_cnt = int.Parse(dt2.DefaultView[0]["out_num"].ToString());
                if (out_cnt > 0)    // 已经有读者借了该书，不允许删除
                {
                    msg.Text = " 已有用户借阅该图书，暂时不能删除！";
                    Panel_delete_book.Enabled = false;         // 停用 Panel 控件
                }
                else
                {
                    Panel_delete_book.Visible = true;          // 显示删除 Panel
                    Panel_update_book.Visible = false;
                    isbn_msg.Text = ISBN;
                }
            }
        }
    }
}
```

修改图书时，Panel_update_book控件显示，管理员可以编辑控件显示的图书信息，然后单击"提交"按钮将页面回发到后台的事件处理函数Button1_Click()进行处理。Button1_Click()函数的内容如下：

```
protected void Button1_Click(object sender, EventArgs e)
{
    if (IsValid)
    {
        String ISBN = isbn.Text.Trim();
        String TITLE = title.Text.Trim();
        String CATEGORY = category.Text.Trim();
        String AUTHORS = authors.Text.Trim();
        String TOTAL_NUM = total_num.Text.Trim();

        DBClass db = new DBClass();
```

```
        String sql = "update book set title='" + TITLE + "', "
            + "category='" + CATEGORY + "', "
            + "authors='" + AUTHORS + "', "
            + "total_num=" + TOTAL_NUM + "where "
            + "isbn='" + ISBN + "'";

        int cnt = db.ExecuteSql(sql);
        if (cnt > 0)
        {
            msg.Text = "更新图书信息成功!";
            Panel_update_book.Enabled = false;
        }
        else
        {
            msg.Text = "更新图书信息失败!";
            Panel_update_book.Enabled = false;
        }
    }
}
```

删除图书时,Panel_delete_book 显示,输出提示信息"提示:确定要删除ISBN为……的图书吗?"。若选择取消则在后台停用该Panel控件,否则执行删除操作。这两个按钮的单击事件均由后台的事件处理函数del_Button_Command()进行处理。del_Button_Command()函数的内容如下:

```
protected void del_Button_Command(object sender, CommandEventArgs e)
{
    String ISBN = isbn_msg.Text.Trim();
    String cmd = e.CommandName;
    if (cmd == "DEL_OK")
    {
        DBClass db = new DBClass();
        String sql = "delete from book where isbn='" + ISBN + "'";
        int cnt = db.ExecuteSql(sql);
        if (cnt > 0)
        {
            msg.Text = "删除图书信息成功!";
            Panel_delete_book.Enabled = false;
        }
        else
        {
            msg.Text = "更新图书信息失败!";
            Panel_delete_book.Enabled = false;
        }
```

```
    }
    else if (cmd == "DEL_CANCEL")
    {
        Panel_delete_book.Enabled = false;
    }
}
```

4）读者管理

读者管理包括添加读者、检索读者、修改和删除读者。

（1）添加读者：添加读者页面reader_add.aspx的设计如图14-9所示。

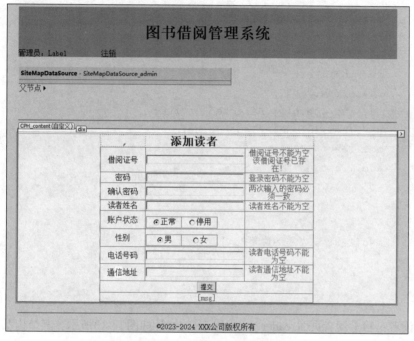

图14-9　添加读者页面设计

管理员填写读者信息且通过验证控件的检查后，单击"提交"按钮即可提交到后台进行处理。后台与添加图书页面的后台类似，通过Page_Load()函数将Label控件（ID是msg）的内容清空，还有一个自定义验证控件的业务逻辑（用于查询输入的借阅证号是否已经被使用）。因而仅给出"提交"按钮的后台处理函数Button1_Click()函数的定义。

```
protected void Button1_Click(object sender, EventArgs e)
{
    if (IsValid)
    {
        String RID = rid.Text.Trim();
        String PWD = pwd.Text.Trim();
        String RNAME = rname.Text.Trim();
```

```csharp
        String RISVALID = isvalid.SelectedValue.Trim();
        String SEX = sex.SelectedItem.Text.Trim();
        String TEL = tel.Text.Trim();
        String ADDR = addr.Text.Trim();
        DBClass db = new DBClass();
        String sql = "insert into reader (rid, pwd, rname, isvalid, sex, tel, addr)"
            + " values ('" + RID + "','" + PWD + "','" + RNAME + "','"
            + RISVALID + "','" + SEX + "','" + TEL + "','" + ADDR + "')";
        int cnt = db.ExecuteSql(sql);
        if (cnt > 0)
        {
            msg.Text = "添加读者成功!";
            rid.Text = "";
            pwd.Text = "";
            pwd_conf.Text = "";
            rname.Text = "";
            isvalid.Items[0].Selected = true;
            sex.Items[0].Selected = true;
            tel.Text = "";
            addr.Text = "";
        }
        else
        {
            msg.Text = "添加读者失败!";
        }
    }
}
```

(2) 检索读者：检索读者页面reader_search.aspx的设计如图14-10所示。其结构及内容组织形式与检索图书页面基本一致。

后台代码也与检索图书类似，其主要差异在于加载页面的初始化内容（Page_Load()函数）和给GridView控件的数据绑定（bind()函数），另外两个函数是一样的。因此，仅提供Page_Load()函数和bind()函数的内容。

```csharp
protected void Page_Load(object sender, EventArgs e)
{
    if(!IsPostBack)
    {
        // 账户状态和性别默认选中第一项
        isvalid.Items[0].Selected = true;
        sex.Items[0].Selected = true;
        // 初次加载页面时GridView没有数据,故不显示
        Panel_search_reader_gridview.Visible = false;
    }
```

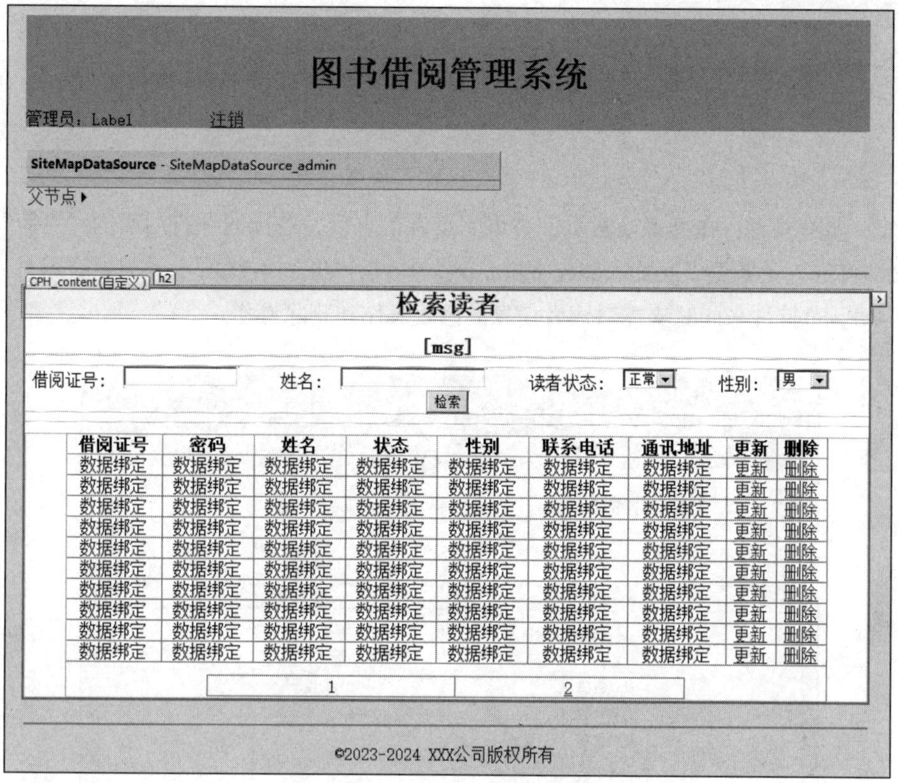

图 14-10　检索读者页面设计图

```
}
void bind()
{
    String RID = rid.Text.Trim();
    String RNAME = rname.Text.Trim();
    String ISVALID = isvalid.SelectedValue.Trim();
    String SEX = sex.Text.Trim();
    DBClass db = new DBClass();
    String sql = "select * from reader where rid like '%" + RID + "%' "
        + "and rname like '%" + RNAME + "%' "
        + "and isvalid='" + ISVALID + "' "
        + "and sex='" + SEX +"'";
    DataTable dt = db.GetRecords(sql);
    if(dt != null && dt.Rows.Count >=1)
    {
        reader_list.DataSource = dt;
        reader_list.DataBind();
        Panel_search_reader_gridview.Visible = true;
    }
    else
```

```
        {
            msg.Text = " 数据库中暂时没有找到符合条件的读者 ";
            Panel_search_reader_gridview.Visible = false;
        }
}
```

（3）修改/删除读者：在读者检索页面查询到读者信息后，单击同一行后面的"更新"或者"删除"超链接即可进入更新读者页面reader_edit.aspx，其设计如图14-11所示。与更新图书一样，该页面也通过两个Panel控件来同时支撑对读者信息的修改操作和删除操作。

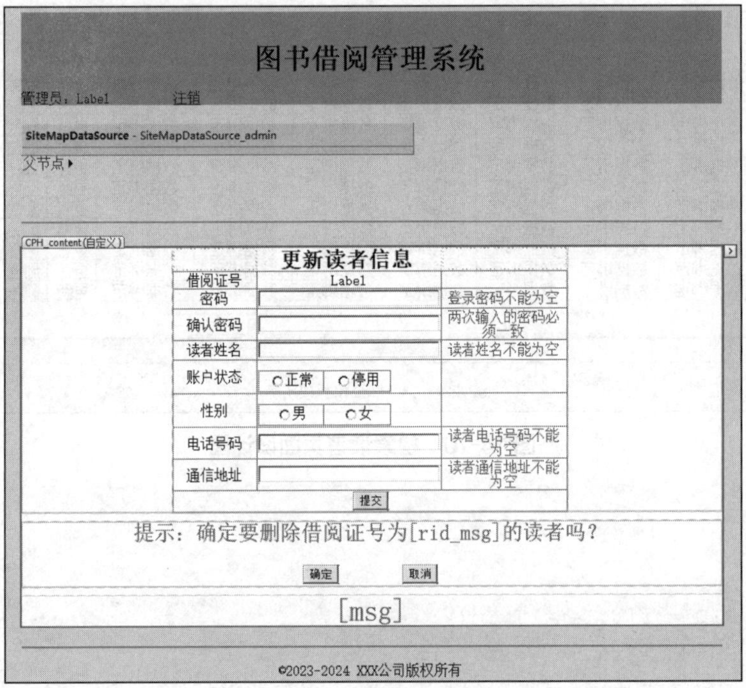

图 14-11 更新读者页面设计

该页面初次加载时，根据用户传递的参数确定操作的类型和所需要的数据，同时决定显示哪一个Panel控件。对应的Page_Load()函数如下：

```
protected void Page_Load(object sender, EventArgs e)
{
    if (!IsPostBack)
    {
        Panel_delete_reader.Visible = false;
        Panel_update_reader.Visible = false;
        DBClass db = new DBClass();
        String sql = "";
        String RID = "";
        if (Request.QueryString["action"] != null
```

```csharp
                && Request.QueryString["action"] != ""
                && Request.QueryString["rid"] != null
                && Request.QueryString["rid"] != "")
            {
                RID = Request.QueryString["rid"];
                if (Request.QueryString["action"] == "update")        // 修改操作
                {
                    sql = "select * from reader where rid='" + RID + "'";
                    DataTable dt1 = db.GetRecords(sql);
                    if (dt1 != null && dt1.Rows.Count == 1)           // 找到指定用户
                    {
                        Panel_delete_reader.Visible = false;
                        Panel_update_reader.Visible = true;
                        rid.Text = RID;
                        pwd.Attributes["Value"] = dt1.DefaultView[0]["pwd"].ToString();
                        pwd_conf.Attributes["Value"] = dt1.DefaultView[0]["pwd"].ToString();
                        rname.Text = dt1.DefaultView[0]["rname"].ToString();

                        if (dt1.DefaultView[0]["isvalid"].ToString() == "1")
                            isvalid.Items[0].Selected = true;
                        else
                            isvalid.Items[1].Selected = true;

                        if (dt1.DefaultView[0]["sex"].ToString() == "男")
                            sex.Items[0].Selected = true;
                        else
                            sex.Items[1].Selected = true;

                        tel.Text = dt1.DefaultView[0]["tel"].ToString();
                        addr.Text = dt1.DefaultView[0]["addr"].ToString();
                    }
                }
                else if (Request.QueryString["action"] == "delete")   // 删除操作
                {
                    sql = "select * from reader inner join borrowbook on reader.rid = borrowbook.rid where reader.rid='" + RID +
        "' and rdate is null";
                    DataTable dt2 = db.GetRecords(sql);
                    if (dt2 != null && dt2.Rows.Count > 0)    // 有书未还，不能删除
                    {
                        msg.Text = "已有用户借阅该图书，暂时不能删除！";
                    }
                    else
```

```
            {
                Panel_delete_reader.Visible = true;
                Panel_update_reader.Visible = false;
                rid_msg.Text = RID;
            }
        }
    }
}
```

执行更新操作的函数Button1_Click()的内容如下:

```
protected void Button1_Click(object sender, EventArgs e)
{
    if (IsValid)
    {
        String RID = rid.Text.Trim();
        String PWD = pwd.Text.Trim();
        String RNAME = rname.Text.Trim();
        String RISVALID = isvalid.SelectedValue.Trim();
        String SEX = sex.SelectedItem.Text.Trim();
        String TEL = tel.Text.Trim();
        String ADDR = addr.Text.Trim();
        DBClass db = new DBClass();
        String sql = "update reader set pwd='" + PWD + "', "
            + "rname='" + RNAME + "', "
            + "isvalid='" + RISVALID + "', "
            + "sex='" + SEX + "', "
            + "tel='" + TEL + "', "
            + "addr='" + ADDR + "' where "
            + "rid='" + RID + "'";
        int cnt = db.ExecuteSql(sql);
        if (cnt > 0)
        {
            msg.Text = "更新读者信息成功!";
            Panel_update_reader.Enabled = false;
        }
        else
        {
            msg.Text = "更新读者信息失败!";
            Panel_update_reader.Enabled = false;
        }
    }
}
```

执行删除操作的函数 DelCclBtn_Command() 函数的内容如下:

```
protected void DelCclBtn_Command(object sender, CommandEventArgs e)
{
    String RID = rid_msg.Text.Trim();
    String cmd = e.CommandName;
    if(cmd == "DEL_OK")
    {
        DBClass db = new DBClass();
        String sql = "delete from reader where rid='" + RID + "'";

        int cnt = db.ExecuteSql(sql);
        if (cnt > 0)
        {
            msg.Text = "删除读者信息成功!";
            Panel_delete_reader.Enabled = false;
        }
        else
        {
            msg.Text = "删除读者信息成功!";
            Panel_delete_reader.Enabled = false;
        }

    }
    else if (cmd == "DEL_CANCEL")
    {
        Panel_delete_reader.Enabled = false;
    }
}
```

5)借阅管理

由于借书操作由读者完成,因而借阅管理仅包含检索借阅信息和查看借阅详细情况。

(1)检索借阅信息:管理员检索借阅信息时,应该按照借阅时间倒序显示结果。检索借阅信息页面 borrowinfo_show_search.aspx 如图 14-12 所示。该页面与检索图书、作者的页面基本一样。

如果打开该页面时系统中没有借阅信息,则在 ID 为 msg 的 Label 控件中显示"暂时没有读者借过书"。该功能由后台的 Page_Load() 函数实现:

```
protected void Page_Load(object sender, EventArgs e)
{
    if (!IsPostBack)
    {
        DBClass db = new DBClass();
        String sql = "select * from borrowbook order by bdate DESC";
```

```
            DataTable dt = db.GetRecords(sql);
            if (dt != null && dt.Rows.Count >= 1)    // 有读者借过书
            {
                all_bbooks.DataSource = dt;
                all_bbooks.DataBind();
            }
            else
            {
                msg.Text = " 暂时没有读者借过书! ";
                Panel_search_bbook_gridview.Visible = false;
            }
        }
    }
```

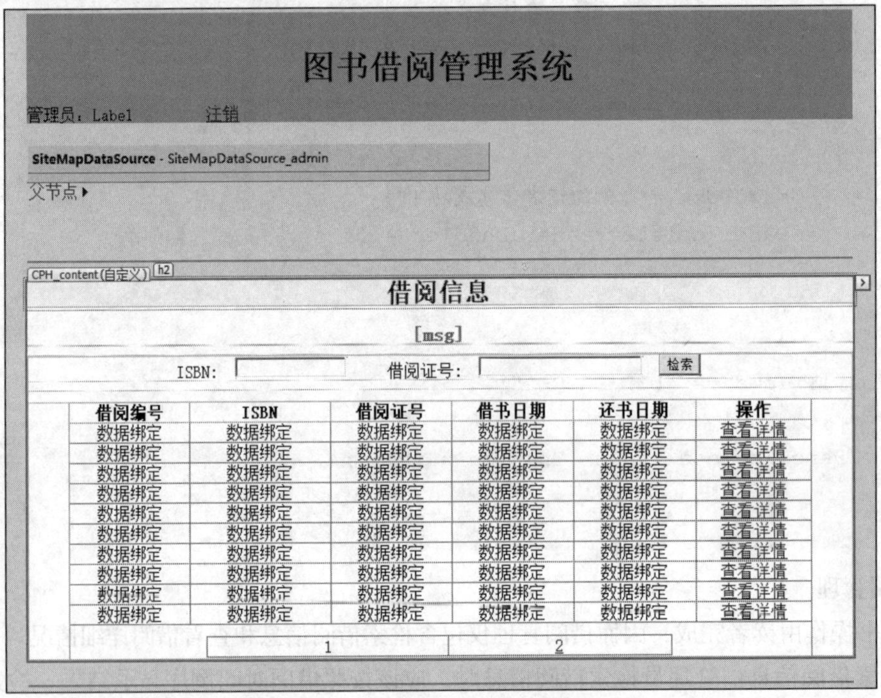

图 14-12　检索借阅信息页面设计图

"检索"按钮的事件处理函数及 GridView 控件的翻页事件处理函数与检索图书和读者一样,因而仅给出绑定检索结果到 GridView 控件的函数 bind() 的内容。

```
    void bind()
    {
        String ISBN = isbn.Text.Trim();
        String RID = rid.Text.Trim();
        String sql = "select * from borrowbook where isbn like '%" + ISBN + "%' and rid like '%" + RID + "%' order by bdate DESC";
```

```
        DBClass db = new DBClass();
        DataTable dt = db.GetRecords(sql);
        if (dt != null && dt.Rows.Count >= 1)     // 数据库中有图书
        {
            Panel_search_bbook_gridview.Visible = true;
            all_bbooks.DataSource = dt;
            all_bbooks.DataBind();
        }
        else
        {
            msg.Text = " 没有找到符合条件的借阅信息, 请检查查询条件! ";
            Panel_search_bbook_gridview.Visible = false;
        }
    }
```

（2）查看借阅详情：在检索借阅信息的结果中，单击对应行的"查看详情"超链接即可查看对应借阅信息的详细情况。借阅详情页面 borrowbook_info_detail.aspx 的设计如图 14-13 所示。

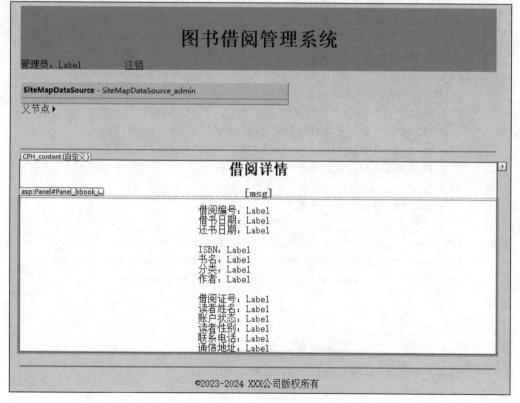

图 14-13　检索借阅信息页面设计

该页面仅用于查看借阅详情，没有其他操作，因而仅需要在 Page_Load() 函数中根据参数查询相应的数据并显示即可。

```csharp
protected void Page_Load(object sender, EventArgs e)
{
    String BID = Request.QueryString["bid"].ToString();
    DBClass db = new DBClass();
    String sql = "select bid,bdate,rdate, book.isbn, title, category, authors, reader.rid,rname,isvalid,sex,tel,addr from book inner join borrowbook on book.isbn=borrowbook.isbn inner join reader on borrowbook.rid=reader.rid where bid='" + BID + "'";
    DataTable dt = db.GetRecords(sql);
    if (dt != null && dt.Rows.Count == 1)
    {
        bid.Text = dt.DefaultView[0]["bid"].ToString();
        bdate.Text = dt.DefaultView[0]["bdate"].ToString();
        if (dt.DefaultView[0]["rdate"].ToString() == ""
         || dt.DefaultView[0]["rdate"] == null)
            rdate.Text = "该读者尚未还书";
        else
            rdate.Text = dt.DefaultView[0]["rdate"].ToString();

        isbn.Text = dt.DefaultView[0]["isbn"].ToString();
        title.Text = dt.DefaultView[0]["title"].ToString();
        category.Text = dt.DefaultView[0]["category"].ToString();
        authors.Text = dt.DefaultView[0]["authors"].ToString();
        rid.Text = dt.DefaultView[0]["rid"].ToString();
        rname.Text = dt.DefaultView[0]["rname"].ToString();
        if (dt.DefaultView[0]["isvalid"].ToString() == "1")
            isvalid.Text = "正常";
        else
            isvalid.Text = "停用";

        sex.Text = dt.DefaultView[0]["sex"].ToString();
        tel.Text = dt.DefaultView[0]["tel"].ToString();
        addr.Text = dt.DefaultView[0]["addr"].ToString();
    }
    else
    {
        msg.Text = "没有找到符合条件的借阅信息！";
        Panel_bbook_info_detail.Visible = false;
    }
}
```

6）修改密码

修改密码页面 chg_pwd.aspx 的设计如图 14-14 所示。

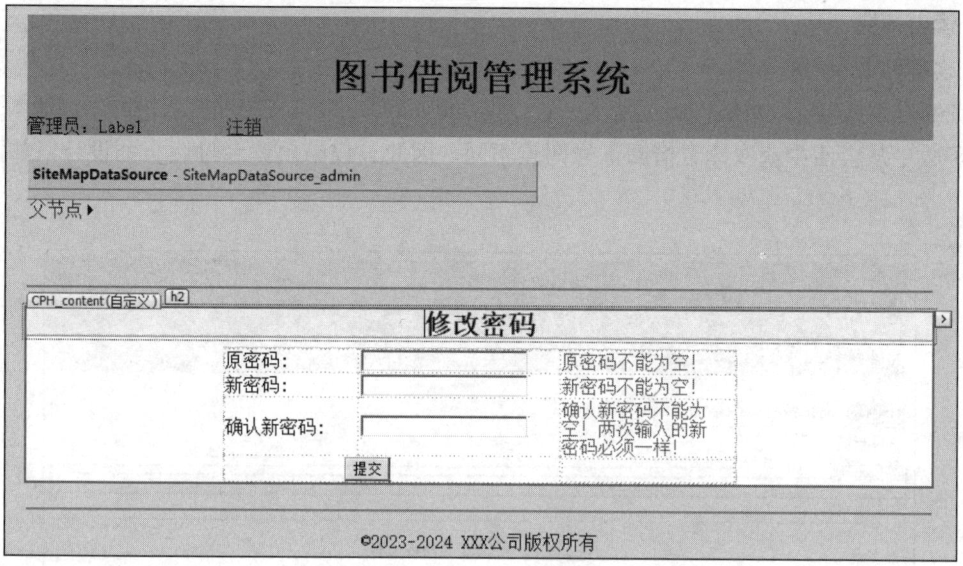

图 14-14 修改密码页面设计

修改密码的业务逻辑比较简单，输入原密码，再输入新密码两次，提交到后台即可。"提交"按钮的事件处理函数chg_pwd_btn_Click()执行对应的UPDATE语句即可。

```
protected void chg_pwd_btn_Click(object sender, EventArgs e)
{
    if (IsValid)
    {
        String aid = Session["admin"].ToString();
        String str_old_p = old_pwd.Text.Trim();
        String str_new_p = new_pwd.Text.Trim();
        DBClass db = new DBClass();
        String sql = "update admin set pwd='" + str_new_p +
            "' where aid='" + aid + "' and pwd='" + str_old_p + "'";
        int cnt = db.ExecuteSql(sql);
        if (cnt > 0)
        {
            Response.Write("<script language='JavaScript'>alert('修改密码成功！')</script>");
        }
        else
        {
            Response.Write("<script language='JavaScript'>alert('修改密码失败！')</script>");
        }
    }
}
```

6. 读者模块

1）读者母版

读者的母版页与管理员的母版页基本一致，仅 SiteMapDataSource 控件所引用的站点地图及 Page_Load() 函数中从会话中获取读者借阅证号两点不同。因此，仅给出读者母版页的设计，如图 14-15 所示。

图 14-15　读者母版页设计

2）读者首页

读者的首页包含三组数据：一是系统统计信息，与管理员首页一致；二是读者自己的统计信息（借阅总次数和待还图书册数）；三是除密码以外的个人信息。由于前面已经给出了所有的 SQL 语句以及一个检索数据的示例，此处同样仅给出读者首页的设计，如图 14-16 所示。

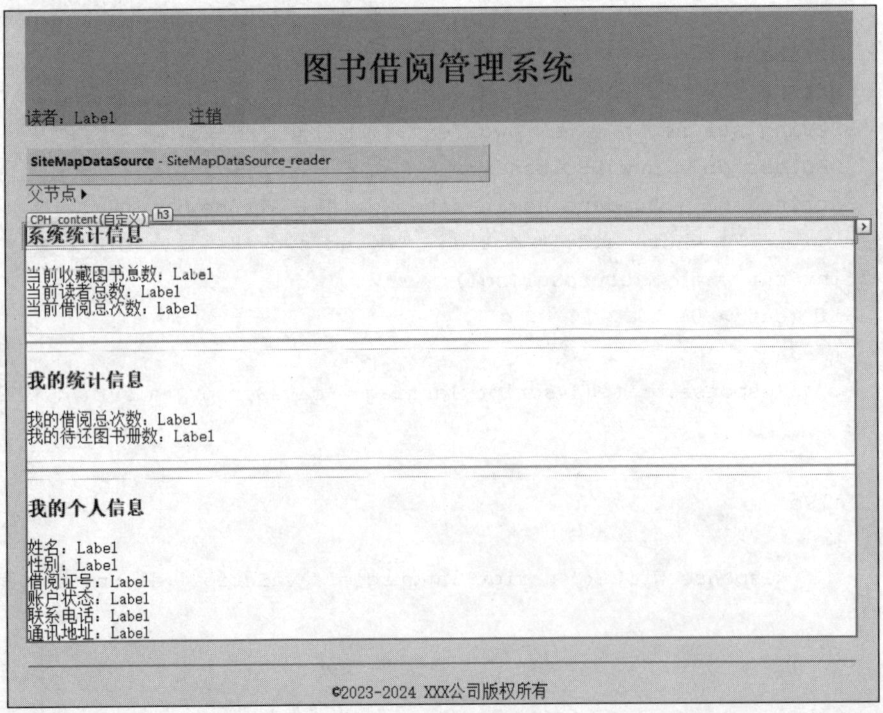

图 14-16　读者首页设计

3）检索图书

读者检索图书的页面book_search.aspx与管理员检索图书的页面book_search.aspx在界面和后台代码两方面几乎完全一致，唯一的区别是GridView控件的最后一列的"借阅"超链接指向的是借阅图书的页面book_borrow.aspx，超链接中包含的参数是对应图书的ISBN。

4）借阅图书

在检索图书的结果页面单击某一图书后的"借阅"超链接跳转到页面book_borrow.aspx，该页面的设计如图14-17所示。

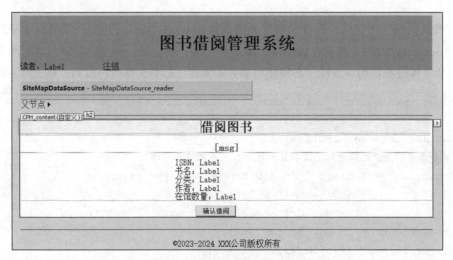

图14-17　借阅图书页面设计

在加载借阅图书页面时，根据传入的ISBN参数在Page_Load()函数中查询该图书的所有信息并进行显示。

```csharp
protected void Page_Load(object sender, EventArgs e)
{
    DBClass db = new DBClass();
    String sql = "select book.*, (total_num-out_num) as left_num " +
        " from book where isbn='" + Request.QueryString["isbn"] + "'";
    DataTable dt = db.GetRecords(sql);
    if (dt != null && dt.Rows.Count == 1)
    {
        isbn.Text = dt.DefaultView[0]["isbn"].ToString();
        title.Text = dt.DefaultView[0]["title"].ToString();
        category.Text = dt.DefaultView[0]["category"].ToString();
        authors.Text = dt.DefaultView[0]["authors"].ToString();
        left_num.Text = dt.DefaultView[0]["left_num"].ToString();
        if(dt.DefaultView[0]["left_num"].ToString() == "0")
        {
            msg.Text = "指定的图书已全部借出！";
```

```csharp
            Button1.Enabled = false;
        }
    }
    else
    {
        msg.Text = "没有找到指定的图书,请稍后重试! ";
        Button1.Enabled = false;
    }
}
```

单击"确认借阅"按钮后,后台的事件处理函数Button1_Click()开始处理借阅业务逻辑:先将book表中的out_num增加1,然后在borrowbook表中增加一条记录。该业务逻辑包含对两个数据表的更新操作,为了保证数据的一致性,必须使用事务来实现(即要么都执行成功,要么都不执行)。

```csharp
protected void Button1_Click(object sender, EventArgs e)
{
    DBClass db = new DBClass();
    // 如果当前用户已经借出了该书且未还书,则不允许再借阅
    String sql = "select * from borrowbook where rdate is null " +
                 " and isbn='" + isbn.Text.Trim() +
                 "' and rid='" + Session["reader"] + "'";
    DataTable dt = db.GetRecords(sql);
    if (dt != null && dt.Rows.Count > 0)
    {
        msg.Text = "你已经借出该书且尚未归还! 请不要重复借同一本书";
        Button1.Enabled = false;
    }
    else
    {
        String sql1 = "update book set out_num = out_num + 1 " +
                      " where (total_num-out_num)>0 and isbn='" +
                      isbn.Text.Trim() + "'";
        String sql2 = "insert into borrowbook (isbn,rid,bdate,rdate) " +
                      " values ('" + isbn.Text.Trim() + "', " +
                      "'" + Session["reader"].ToString() + "', " +
                      "getdate(), null)";
        int ret = db.ExecuteTransaction(sql1, sql2);
        if (ret == 1)
        {
            msg.Text = "借书成功! ";
            Button1.Enabled = false;
        }
        else
```

```
            {
                msg.Text = "借书失败,请稍后重试! ";
                Button1.Enabled = false;
            }
        }
    }
```

5)浏览借阅信息

通过单击菜单"我的借阅"打开借阅记录页面my_borrow_info.aspx,可以查看自己的历史借阅记录信息,按借阅时间倒序排列,其设计如图14-18所示。

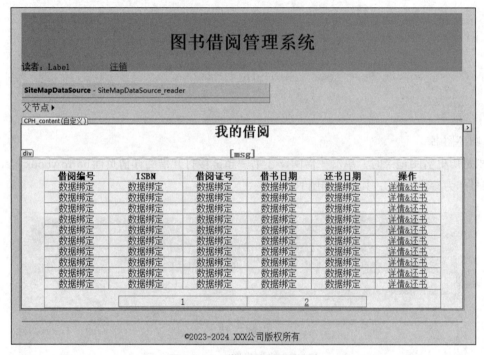

图14-18 借阅记录页面设计

以下为该页面的三个后台函数:

```
protected void Page_Load(object sender, EventArgs e)
{
    bind();
}
void bind()
{
    DBClass db = new DBClass();
    string sql = "select * from borrowbook where rid='" +
                 Session["reader"] + "' order by bdate desc";
    DataTable dt = db.GetRecords(sql);
```

```
            if (dt != null && dt.Rows.Count >= 1)
            {
                all_my_bbooks.DataSource = dt;
                all_my_bbooks.DataBind();
            }
            else
            {
                msg.Text = " 你还没有借过书! ";
                all_my_bbooks.Visible = false;
            }
        }
        protected void all_my_bbooks_PageIndexChanging(object sender, GridViewPageEventArgs e)
        {
            all_my_bbooks.PageIndex = e.NewPageIndex;
            bind();
        }
```

6）归还图书

在浏览历史借阅记录时，单击"借阅＆还书"超链接打开借阅详情页面borrowbook_detail.aspx（借阅编号作为参数传递），其设计如图14-19所示。

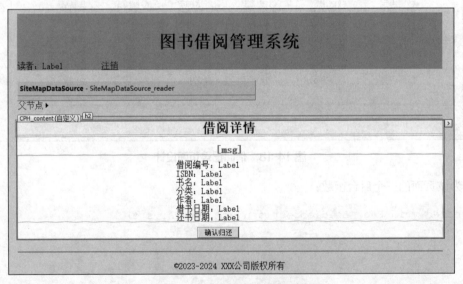

图14-19 借阅详情页面设计图

在加载页面时，在Page_Load()函数中根据传入的借阅编号可以查询借阅信息及相应的图书信息。

```
protected void Page_Load(object sender, EventArgs e)
{
    String BID = Request.QueryString["bid"].ToString();
```

```csharp
    DBClass db = new DBClass();
    String sql = "select bid, book.isbn, title, category, authors, " +
                 "bdate, rdate from book inner join borrowbook " +
                 "on book.isbn=borrowbook.isbn where bid='" + BID + "'";
    DataTable dt = db.GetRecords(sql);
    if (dt != null && dt.Rows.Count == 1)// 找到借阅信息
    {
        bid.Text = dt.DefaultView[0]["bid"].ToString();
        isbn.Text = dt.DefaultView[0]["isbn"].ToString();
        title.Text = dt.DefaultView[0]["title"].ToString();
        category.Text = dt.DefaultView[0]["category"].ToString();
        authors.Text = dt.DefaultView[0]["authors"].ToString();
        bdate.Text = dt.DefaultView[0]["bdate"].ToString();
        if (dt.DefaultView[0]["rdate"].ToString() == ""
          || dt.DefaultView[0]["rdate"] == null)   // 没有还书，显示还书按钮
        {
            rdate.Visible = false;
        }
        else     // 已经还书，仅显示数据
        {
            rdate.Text = dt.DefaultView[0]["rdate"].ToString();
            Button1.Visible = false;
        }
    }
    else
    {
        msg.Text = "没有找到符合条件的借阅信息！";
        Panel_bbook_detail.Visible = false;
        Button1.Visible = false;
    }
}
```

如果当前借阅的图书尚未归还，页面上会显示一个"确认归还"按钮，单击该按钮将在后台事件处理函数 Button1_Click() 中执行还书业务逻辑：先将 book 表中的 out_num 减去 1，然后在 borrowbook 表的记录中设置还书时间。该业务逻辑包含对两个数据表的更新操作，为了保证数据的一致性，必须使用事务来实现。

```csharp
protected void Button1_Click(object sender, EventArgs e)
{
    DBClass db = new DBClass();
    String sql1 = "update book set out_num = out_num - 1 " +
                  " where isbn='" + isbn.Text.Trim() + "'";
    String sql2 = "update borrowbook set rdate=getdate() " +
```

```
                        " where bid='" + bid.Text.Trim() + "'";
        int ret = db.ExecuteTransaction(sql1, sql2);
        if (ret == 1)
        {
            msg.Text = " 还书成功！ ";
            Button1.Enabled = false;
        }
        else
        {
            msg.Text = " 还书失败，请稍后重试！ ";
            Button1.Enabled = false;
        }
    }
```

7）修改个人信息

个人信息更新页面 edit_info.aspx 实现了修改包括密码在内的个人信息的功能，其设计如图 14-20 所示。

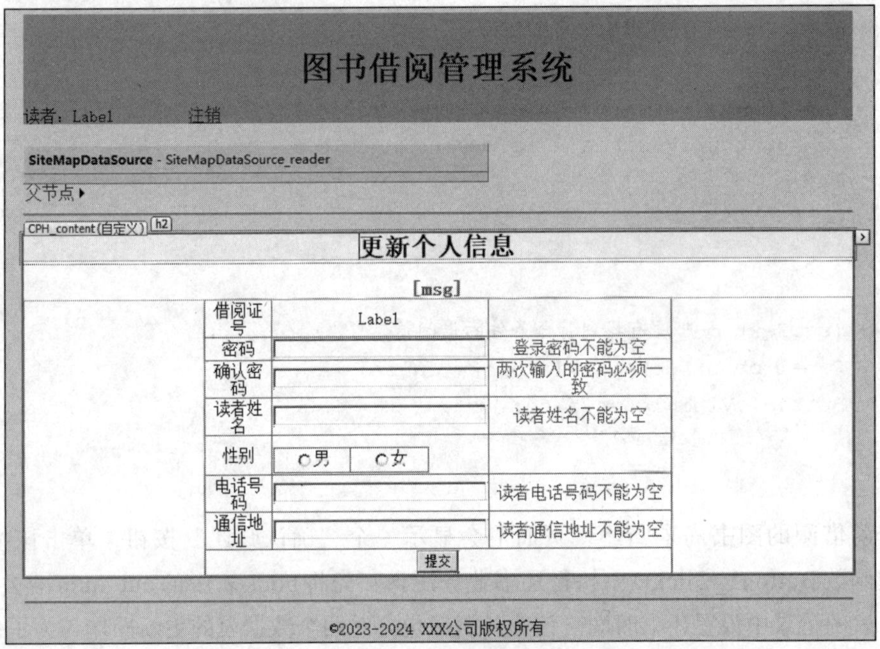

图 14-20　个人信息更新页面设计图

打开页面后，Page_Load()函数根据会话中存储的借阅证号查询用户个人信息，并填充页面上的输入控件（包括密码和确认密码）。

```
protected void Page_Load(object sender, EventArgs e)
{   // 第一次加载时执行，回发时不执行
    if(!IsPostBack)
```

```
    {
            DBClass db = new DBClass();
            String sql = "select * from reader where rid='" +
                         Session["reader"] + "'";
            DataTable dt = db.GetRecords(sql);
            if (dt != null && dt.Rows.Count == 1)
            {
                rid.Text = dt.DefaultView[0]["rid"].ToString();
                pwd.Attributes["Value"] = dt.DefaultView[0]["pwd"].ToString();
                pwd_conf.Attributes["Value"] = dt.DefaultView[0]["pwd"].ToString();
                rname.Text = dt.DefaultView[0]["rname"].ToString();

                if (dt.DefaultView[0]["sex"].ToString() == "男")
                    sex.Items[0].Selected = true;
                else
                    sex.Items[1].Selected = true;

                tel.Text = dt.DefaultView[0]["tel"].ToString();
                addr.Text = dt.DefaultView[0]["addr"].ToString();
            }
            else
            {
                msg.Text = " 获取信息失败,请稍后重试! ";
                Panel_edit_my_info.Visible = false;
            }
        }
    }
```

用户修改输入控件中的内容后,如果通过了所有的验证控件的检查,即可单击"提交"按钮,在后台事件处理函数Button1_Click()中更新读者信息。

```
protected void Button1_Click(object sender, EventArgs e)
{
    if (IsValid)
    {
        String RID = rid.Text.Trim();
        String PWD = pwd.Text.Trim();
        String RNAME = rname.Text.Trim();
        String SEX = sex.SelectedItem.Text.Trim();
        String TEL = tel.Text.Trim();
        String ADDR = addr.Text.Trim();
        DBClass db = new DBClass();
        String sql = "update reader set pwd='" + PWD + "', "
```

```
                + "rname='" + RNAME + "', "
                + "sex='" + SEX + "', "
                + "tel='" + TEL + "', "
                + "addr='" + ADDR + "' where "
                + "rid='" + RID + "'";
            int cnt = db.ExecuteSql(sql);
            if (cnt > 0)
            {
                msg.Text = "更新信息成功！";
                Panel_edit_my_info.Enabled = false;
            }
            else
            {
                msg.Text = "更新信息失败，请稍后重试！";
            }
        }
    }
```